熊本橋紀行

Discover
bridges in
Kumamoto

崎元達郎
福島通安

まえがき

皆さんは、橋の存在を意識したことがありますか？　幼い頃の通学路の名も無い橋、山奥にひっそりとたたずむ眼鏡橋、離島を結び生活を支え、命を守る橋、気づかぬうちに通過している高速道路の橋など、橋は、もしそれが存在しない場合を考えてみれば、その有り難みが分かるのですが、そこにあるのが当然のように生活の中に溶け込んでいるため、あまり意識されず、関心を持たれないのが普通かもしれません。しかし、一つ一つの橋を調べてみると、その橋の建設を望んだ人々の願いや社会的背景、土木技術者や石工（いしく）の建設時の苦労、地域の歴史や物語などを知ることができます。

本書は、江戸時代から現代までの素晴らしい郷土の橋の中から代表的な134橋を選んで解説したもので、中学生、高校生を含めた一般の人々に橋や土木事業へ興味と理解を深めていただくことを願って作成しました。皆さんに現地を訪れて見ていただくことを前提に書いており、書名も『熊本橋紀行』と名付けました。本書で取り上げている橋は、次の三つの条件のうち少なくとも一つを満たすと、著者らが判断したものです。

三つの条件とは、①歴史的に古く文化財の指定などがある貴重な橋であること　②地域の振興や発展に寄与してきた橋であること　③規模・形式・工法・使用材料・デザイン性・新規性などにおいて記録に残る橋であること――などです。

選定の結果、106項目、134橋となりました。その内訳は、眼鏡橋49橋、道路橋58橋（鋼：27、鉄筋コンクリート：11、プレストレストコンクリート：15、石造４、木造：１）、鉄道橋16橋（鋼：９、コンクリート：７）、歩道橋11橋（鋼：６、鉄筋コンクリート：１、プレストレストコンクリート：２、石造：２）です。

本書では県北から県南までを、下記のように地域や川の流域で七つに分けて掲載しています。

Ⅰ．県北・菊池川水系の橋

Ⅱ．小国・阿蘇の橋

Ⅲ．熊本市内（白川・坪井川）の橋

Ⅳ．緑川水系の橋

Ⅴ．宇土半島・天草の橋

Ⅵ．東陽町・五木・五家荘の橋

Ⅶ．球磨川水系・県南の橋

熊本は、江戸時代の初期頃から藩内各地で架橋が行われており、その多くが現存しているため「石橋の里」と言われています。名石工「橋本勘五郎」をはじめ多くの石工がそれぞれの技術と想いを橋に託していることが分かります。

本書では、江戸時代に造られたものについては径間10m以上のものを選定の原則としましたが、約４割が石橋となりました。

石橋には、アーチ橋と桁橋がありますが、水面に映る形からアーチ橋のことを眼(め)鏡(がね)橋と呼ぶことが多いので、一般的には、この表記を使うこととしました。ただし、個々の橋の名称には、眼鏡橋以外に、目鑑橋、目鏡橋の表記が使われるので、個別名称としてはそれらを用いました。

写真もできるだけ執筆者が現地で撮影したものを用いることを原則としましたが、より適した写真が他にある場合は、許諾をいただくか、提供元のURLなどを示して、用いさせていただきました。提供いただいた個人または各団体に心から感謝申し上げます。

掲載以外の橋にも存在感のあるものが多々あると思いますが、紙面の都合により割愛せざるを得ませんでした。

できるだけ多くの人に橋の現物をみていただきたいというのが著者の意図ですので、橋の周辺の地図と橋までの経路を示しています。また、巻末には、橋のデータを一覧にしてまとめました。

最後になりますが、それぞれの橋につきましては、著者の﨑元、福島が二人三脚で現地を訪れ写真を撮り、地元の逸話や場所へのアクセスなどについてもお聞きしましたが、その際、各市町村の関係者の皆様方には、懇切な対応を賜りました。心からお礼を申しあげます。ありがとうございました。

この本が、皆さんにとって、橋に親しんでいただくきっかけになることができれば、著者にとってそれ以上の喜びはありません。

令和３（2021）年初夏

目　　次

Ⅳ. 緑川水系の橋

V．宇土半島・天草の橋

Ⅵ．東陽町・五木・五家荘の橋

Ⅶ. 球磨川水系・県南の橋

橋に関する予備知識

1）橋の歴史

「橋の歴史が文明の歴史であることに疑いの余地はない。我々は、橋の歴史の中に人類の進歩の重要な足跡を見出すことができる」（F. ルーズベルト、1931年）と言われていることもあり、本書の目的と直接は関係しないが、「橋の歴史」の概略を紹介しておこう。

(1) 橋の起源

今から200万年以上前の旧石器時代には狩猟がおこなわれていた。当時は、自然の倒木や飛び石等を利用して比較的幅の狭い川などを越えることが可能であったと思われる。

中石器時代（BC5000年頃まで）は、自ら丸太や石板、蔓(つる)状植物を利用して、幅の狭い川を渡ることを考えたと想像される。

BC4000年頃、下に空間を作る目的で、メソポタミアに存在した石造の迫持ち屋根が石造アーチに進化したと考えられる。

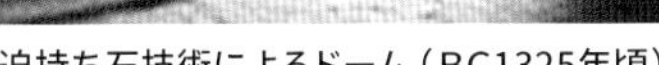
迫持ち石技術によるドーム（BC1325年頃）

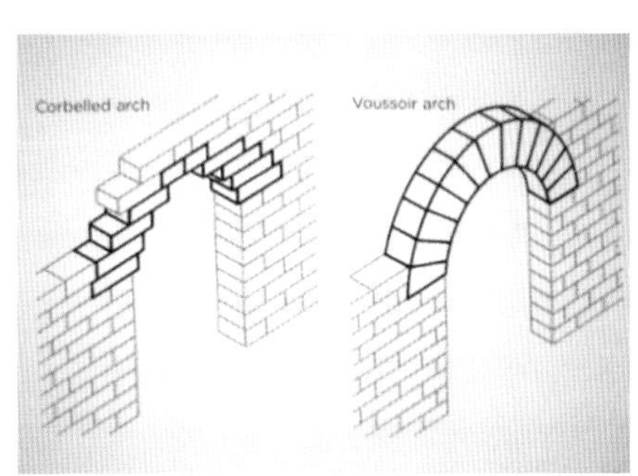

迫持ち石（左）と石造アーチ

この頃までに、黄河（長江）文明、エーゲ文明、エジプト文明、インダス文明の４大文明のそれぞれに、後の橋造りにつながる技術が誕生していたといえる。興味深いのは、BC4000年頃までにすでに現在の橋の主たる３形式である「桁橋」「アーチ橋」「吊橋」が存在したということである。

その後、エジプトのピラミッド建設（BC26世紀～）、古代ギリシャ都市建設（BC８世紀～BC５世紀）、古代ローマ帝国の建設（BC６世紀～AD４世紀）、万里の長城建設（BC６世紀～、中国）などで、橋を建設するための基礎技術が発展することになる。

(2) ローマ帝国の拡大と発展を支えた橋：半円形の石造アーチ

ガールの水道橋（南フランス、仏　BC１世紀頃）

セゴビアの水道橋（スペイン　AC１世紀頃）

(3) 石造アーチの発展：中世、ルネサンス期の欠円アーチ

アビニョンの橋（サン・ベネゼ橋）
（アビニョン、仏） 1180年頃

ポンテ・ベッキオ（フィレンツエ、伊） 14世紀

リアルト橋（ヴェネチア、伊） 1590年頃

長崎眼鏡橋（長崎、日本） 寛永11(1634)年

(4) 産業革命と爆発的エネルギー増を支えた鉄の橋：近代の橋

アイアンブリッジ（イングランド中西部、英） 1779年

イーズ橋（セントルイス、米） 1874年

ブルックリン橋（ニューヨーク、米） 1883年

フォース橋（スコットランド、英） 1890年

(5) 国力と技術力のバロメーターとしての長大橋：20世紀の橋

ケベック橋　支間549m
（ケベック州、加） 1919年

ゴールデンゲート橋　最大支間1,280m
（サンフランシスコ、米） 1937年

若戸(わかと)大橋　最大支間367m　日本初の本格吊橋
（福岡県北九州市、日本）　1962年

ベラザノナローズ橋　最大支間1,298m
（ニューヨーク、米）　1964年

ハンバー橋　最大支間1,410m
（イングランド、英）　1981年

明石海峡大橋　世界最長支間1,991m
（兵庫県神戸市、日本）　1998年

2）橋の寸法・規模

橋は、何かを跨いで交通や人、水などを渡すものであるから、通常長いものである。ひと続きの複数の橋で、ある区間を跨ぐ場合その区間の全長を「橋長」という。個々の橋を支えている点を「支点」といい、一つの支点から次の支点までの一跨ぎする距離のことを「支間」という。また、橋台や橋脚どうしの内側の距離を「径間」という（図－1参照）。

建設費を主に考えると、橋の形式も支間の大きさによりほぼ決まる。また、どの程度の距離をひと跨ぎできるかが、技術力や建設費の指標になる。このような理由により、本書では、橋のデータとして、橋長と最大支間（石橋の場合は、最大径間）を示している。一方、橋の幅（幅員）は、橋を渡る交通や人の量の多さにより決まる。歩道橋なら数m、道路橋なら１車線あたり３m～3.75mであるから広くても20m程度となる。

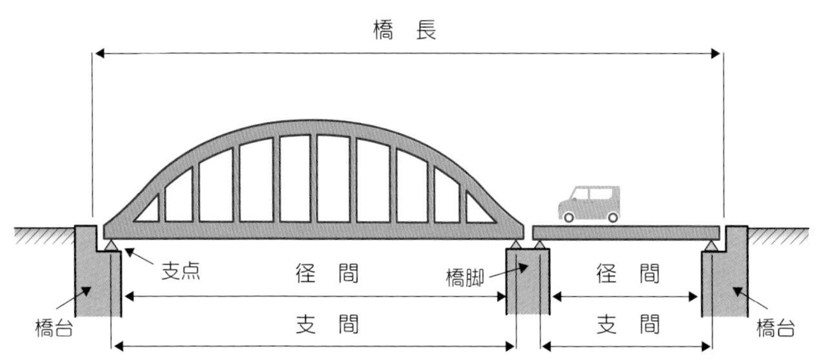

図－1　橋の長さ、支間、径間

３）橋の支え方（支点の種類）

前節で、個々の橋を支えている点を「支点」ということを紹介したが、もう少し詳しく説明する。橋のような構造物は、地球の上で静止し、一定の位置を保って、安定していなければならない。安定させるためには、平面（二次元）構造物の場合、上下の動き、左右の動き、そして、平面内での回転の動きの三つの動きを止めなければならない。

静止して安定な構造物（橋）は、三つの動きを止めるように、地球（地盤）と結合する必要がある。この結合点のことを支点という。支点には、結合の仕方によって３種類ある。それらは、ローラー支点、ヒンジ支点、固定支点と呼ばれる。それぞれの結合の仕方を、平面構造物が支えられる場合について説明する。

(1) ローラー支点

模式的に示すと図－２（ａ）のように、回転を許すピンと橋の長さ方向の移動を許すローラーで構成される支点で、上下方向の移動はできないが二つの動きが可能である。その一つは、同図（ｂ）に示すように橋の長さ方向への移動であり、他の一つは同図（ｃ）に示すような橋桁などの回転である。

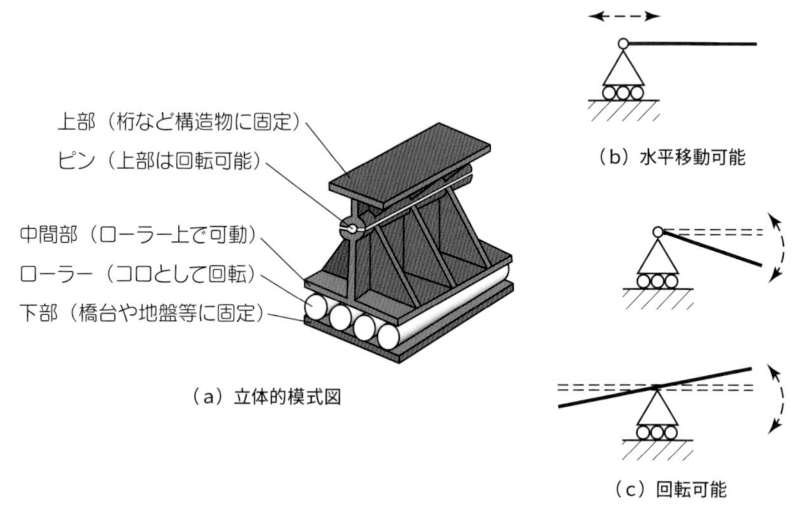

図－2

(2) ヒンジ支点

図－3（a）に示すように、ローラー支点のローラーと下部を取り去って中間部を地盤や橋台、橋脚などに固定した構造で、同図（b）に示すように、上下、左右の移動は固定され、ちょうつがいのように回転のみが可能である。

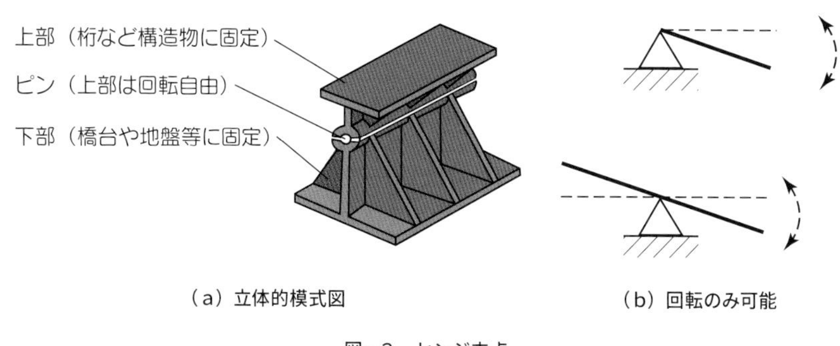

（a）立体的模式図　（b）回転のみ可能

図－3　ヒンジ支点

(3) 固定支点

図－4（a）に示すように部材や橋台などの構造物がコンクリート等の壁や基礎地盤などの中に埋め込まれた状態の支え方で、固定支点では上下左右の移動および回転のすべての動きが阻止される。回転を起こさないという意味は、同図（b）に示すように、梁などの構造物の軸線に対してこの支点で引いた接線が、変形前の軸線の接線と角度を持たないことになる。

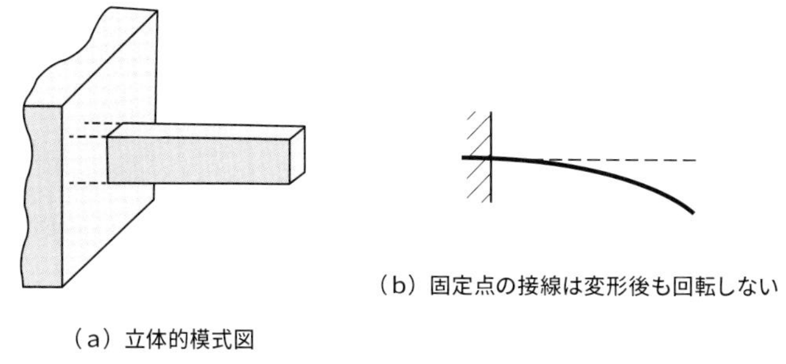

（b）固定点の接線は変形後も回転しない

（a）立体的模式図

図－4　固定支点

(4) 中間ヒンジ

これは支点ではなく、部材と部材を連結する時に用いる構造であるが、関連するので、ここで説明しておく。具体的な構造としては、図－５（ａ）に示すようなもので、棒状のピンを用いるのでピン結合という場合もある。同図（ｂ）に示すように、上下左右の変位と力は伝えるが、相対的に回転が可能であり曲げる力は伝えない。

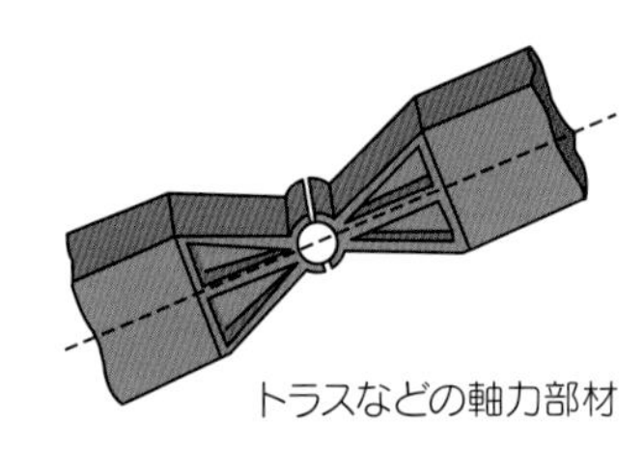

トラスなどの軸力部材

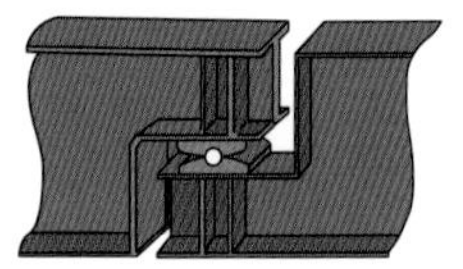

桁などの曲げ部材
ゲルバー桁の中間ヒンジ

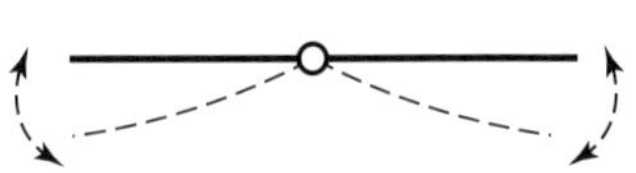

（b）回転自由で曲げる力は伝えない

（a）立体的模式図

図－5　中間ヒンジ

4）橋の形式

アーチ橋や吊橋はご存じの方も多いと思うが、橋にはいくつかの形（形式）の違いがある。橋の形（形式）は、車や鉄道や人などの橋を通行するものの重さと、橋そのものの重さ（これらを荷重という）を支えるための力学的効率によって基本的に決まる。橋が荷重を支えて抵抗する方法には、引張り、圧縮、曲げの三つがあり、この順に効率的である。図－６に示すように、吊橋は塔で支えたケーブルにより通路になる部分のすべてをぶら下げているわけで、ケーブルの引っ張り力で荷重に抵抗する。アーチ橋は、石造りのアーチで分かるようにお互いに押し合う力（圧縮力）で荷重に抵抗する。丸太や板を渡したような桁橋は、曲がることにより荷重に抵抗する。理論的にも、経験的にも、吊橋、アーチ橋、桁橋の順に力学的効率が優れていることが分かっており、一定の建設費を考えたときに、この順に支間を大きくすることができる。長い距離を中間の支え無しに一跨ぎで渡る必要がある時にアーチ橋や吊り橋が多いのはこのためである。

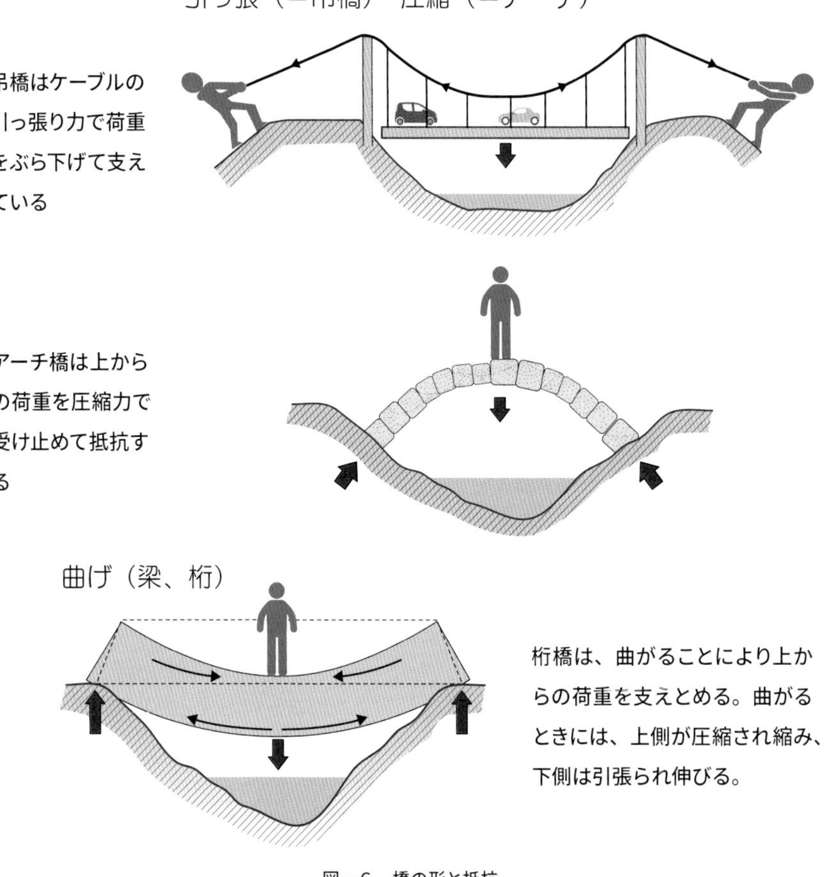

図－６　橋の形と抵抗

その他の形式として、主に曲げによる抵抗で荷重を支えるラーメン橋と、鉄道に多用され鉄橋と呼ばれるトラス橋や、近代に発達した斜張橋（しゃちょうきょう）があるが、その詳細は、本文の途中に登場する「豆知識」を参考にしてほしい。２）で述べた橋の寸法との関連でいうと、それぞれの形式に対して最大支間を伸ばすことが技術の進歩につながっているわけで、本文中にも「この形式で当時最大支間であった」「東洋一であった」などという記述をしているのはそのためである。

5）橋を造る材料

橋を造る材料として、時代とともに、木、石、煉瓦、コンクリート、鉄鋼などが用いられてきた。以下にそれぞれの特質などを簡単に説明しておく。

(1) 木：江戸時代の浮世絵に見られるのは木の橋であるが、実は戦後しばらくは多くの木橋が建設されていた。しかし、耐久性がないこと、火災に弱いことなどの欠点を持つことから、石、コンクリートの技術の発達とともに姿を消して行った。有名な岩国の錦帯橋は今も使われている木橋であるが、何年かに一度補修や架け替えが行われている。映画「マディソン郡の橋」で有名になった米国アイオワ州の橋も屋根付きの木橋であるが、北米の田舎にはまだこの種の木製の屋根付き橋が残っている。本書では、現代の木橋として唯一、阿蘇望橋を紹介している。

(2) 石：ローマ時代の水道橋にみられるように石は古くから橋の材料として使われており、特に江戸時代を中心に造られた石造アーチの90%以上が九州に存在するといわれている（その理由については、次節で述べる）。石は木に比べて耐久性は良いが、造る作業が機械化できず手間がかかるので現在はあまり用いられない。また、引っ張る力にあまり抵抗できないので、もっぱら圧縮で抵抗するアーチ橋が多いわけである。本書では、径間10m以上の江戸時代の石造アーチ橋を中心に紹介する。

(3) 煉瓦（れんが）：明治、大正期に一部用いられたが、地震に弱いなどの理由で現在はほとんど用いられない。熊本には、煉瓦造りの橋脚は残っているが、橋は残っていない。

(4) コンクリート：明治８（1875）年に日本でセメントの生産が開始され、明治36（1903）年に鉄筋コンクリートの橋が造られた。コンクリートそのものは、石と同じく、圧縮に強く、引っ張りに弱いので、橋を造る場合は、鉄筋コンクリート（Reinforced Concrete＝ＲＣ）かプレストレストコンクリート（Pre-stressed Concrete＝ＰＣ）として用いる。図－７にそれぞれの原理を示している。本文では、鉄筋コンクリートのことをＲＣ、プレストレストコンクリートのことをＰＣと略すことがあるので記憶にとどめておいてほしい。コンクリートの橋は、支間が小さい場合は、鋼鉄に比べて建設費や維持管理費が一般に安いという利点があるが、橋自体の重さが大きいという欠点も持っている。

曲がる時に引っ張り力を受ける下側に、引っ張り力に強い鉄筋を配置して補強する。小さなひび割れは、すぐには強さに影響しないが、鉄筋を錆びさせる原因になるので、注意が必要である。

RC（鉄筋コンクリート）桁

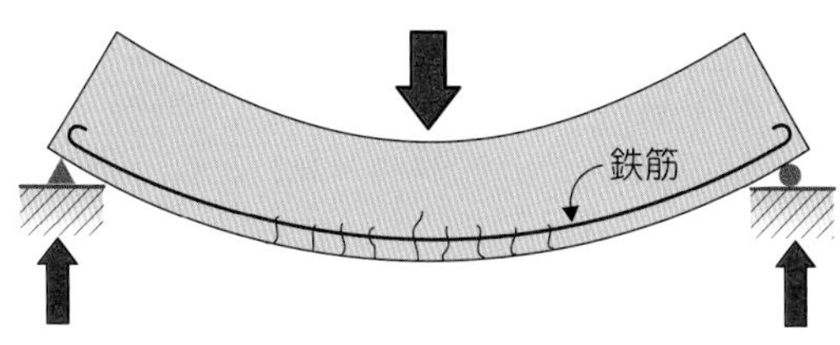

図−7 (a)　鉄筋コンクリート桁

コンクリート桁の下側に配したチューブの中にピアノ線を通し、引っ張った後に両端をとめる。ピアノ線が元の長さに戻ろうとする力でコンクリートの下側をあらかじめ圧縮しておく。その結果、上からの力で曲げられた時の下側の引っ張り力は打ち消されて、差し引き引っ張り力を受けなくて済む。ＰＣは、ＲＣよりも効率が良く、ＲＣの適用支間よりも長い支間に用いることができる。

PC（プレストレストコンクリート）桁

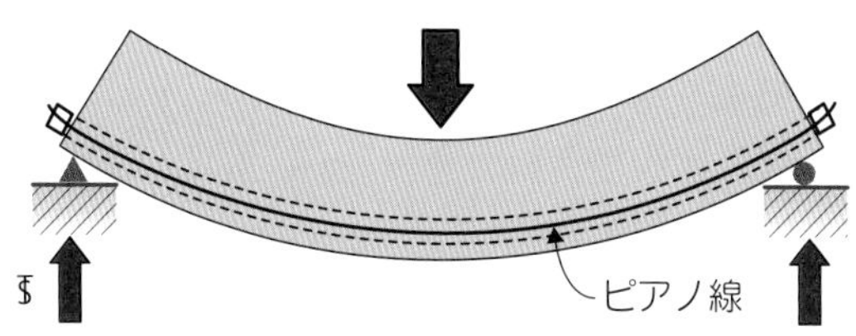

図−7 (b)　プレストレストコンクリート桁

(5) 鉄鋼：明治元（1868）年に造られた「くろがね橋（長崎）」は日本最初の鉄の橋であったが、それは輸入された錬鉄（鋼鉄の大量生産方法の発明の前に古典的な製鉄方法で造られた炭素含有量の少ない鉄）を使用したものであった。国産の鉄が橋に用いられたのは明治11（1878）年といわれている。その後、大正期までに多くの鉄の橋が造られるが、主に米国から鋼鉄を輸入して造られたものである（令和２年の豪雨災害で流された球磨川第一、第二橋梁など）。国産の鋼橋は大正時代末から昭和時代初めにかけて本格化した。昭和初期まではリベットという鋲で鉄板を接合する構造であったが、その後、溶接と高張力ボルトで接合する構造となって現在に至っている。鉄はそのままでは錆びるので、これを防ぐために７年程度に一度、塗装をする必要がある。塗装費のような維持費がかかるので、最近は、支間の小さな橋は、コンクリートで造ることが多くなっている。しかし、コンクリートは自重が大きいので500mを超えるような支間の大きな橋については、軽くて強い鋼橋として造らざるを得なくなる。

※詳細は、豆知識４：橋の形式と適用支間（p.136）を参照

６）熊本県に江戸時代の石橋が多い四つの理由

(1)社会的状況　(2)行政のしくみと建設の財力　(3)豊富な良い石材　(4)優秀な石工の存在－以上の四つが熊本県または九州に石橋が多く建設された理由としてあげられる。以下項目ごとに説明する。

(1) 社会的状況

江戸時代、河川は防御の要でもあったので、積極的に橋を架ける政策はなかった。また、参勤交代などで外様大名を疲弊させる目的もあり、交通網の整備を怠る理由もあった本州に比べ、九州は江戸幕府から見て関門海峡の向こう側で、いくら橋ができても戦略上の問題はなかった。

さらに、九州山地は急峻な地形が多く、洪水にも流されない丈夫な石橋を必要とする厳しい自然環境であった。徳川幕府の長い鎖国政策の中、海外からの情報が入る唯一の港町長崎において、寛永11（1634）年に長崎眼鏡橋が架橋され、僧、華僑、通事、豪商などの民間の力により、わずか半世紀ほどの間につぎつぎと20橋程度が架橋され、石橋が丈夫で長く使えることが多くの人に伝わり、築造技術も伝搬した。

(2) 行政のしくみと建設の財力

細川忠利が豊前小倉から肥後熊本に移封されるが、その際、小倉藩で創設した「手永（てなが）制」という行政制度を肥後藩内にも適用した。「手永」という行政区画を設定し、その長として「総庄屋（そうじょうや）」を置くものである。「手の届く範囲」を意味する「手永」は、熊本藩の13の群で51あったといわれる。例えば、霊台橋が建設された砥用（ともち）手永には51の村があった。村の大きさは現代の大字ほどで、その長が庄屋である。総庄屋はこれらの庄屋を束ねる長であった。総庄屋は、年貢の請負や民政の運営に当たり、藩の上役や郡代に上申なども行った。

肥後熊本藩では、６代目藩主細川重賢（しげかた）による宝暦の改革で、恒常的な赤字に対して、部局再編と大幅な給与カットで対応した。そして、これをきっかけに地方に権限が委譲され、地方でできることは地方に任せた。村を統合して削減し、広域自治体である「手永」を地域運営の主体に据えた。そして、手永が立案した水利土木事業を郡代の許認可で実施できるようにした。

手永には、「会所」という役所が置かれ、「会所官銭」という独自財源があった。凶作時の年貢補填に充てる「一分半米」の徴収を義務づけ「会所官銭」として蓄えた。手永は、貸付や土地購入で会所官銭を運用し、独自財源で水利土木事業を実施した。

総庄屋としては、霊台橋だけでなく柏川井手、雄亀滝橋や大窪橋などを建設した砥用手永の総庄屋篠原善兵衛や通潤橋を造った矢部手永の総庄屋布田保之助などが有名である。

(3) 豊富な良い石材

阿蘇の噴火による降灰や火砕流は九州全域に及んでいる。堆積した火山灰が地殻の圧力によって固まったのが凝灰岩である。また、高熱の火砕流が堆積して、ゆっくり冷え固まった岩は、火山灰が固まる時に加わった熱により溶解して結合したもので溶結凝灰岩といわれる。溶結凝灰岩は、コンクリートと同程度の強さで、凝灰岩の数倍の強さがある。溶結凝灰岩は、九州の至る所に分布している。熊本の菊池渓谷や蘇陽峡、宮崎の高千穂峡などで見られる柱状節理といわれる岩石柱の集合は、溶結凝灰岩によるものである。

溶結凝灰岩は、強いだけでなく、適度の軟らかさを持っており細工がしやすいので、石橋によく用いられる。適度な軟らかさは、細工のしやすさだけでなく、石橋のアーチを構成する輪石同士が押し合って、上からの荷（荷重）に耐える際に、輪石と輪石が食い込みあって、アーチの円弧の直角方向にずれないように抵抗する。この作用が、眼鏡橋を造るのに力学的に大きく貢献している。熊本の眼鏡橋の初期のもの（例えば、豊岡の眼鏡橋や門前川眼鏡橋など）においては、輪石と輪石の間に、ずれ止めのための楔（くさび）を設置しているのは、溶結凝灰岩の適度な柔さの効果に気づかず、アーチの軸線と直角方向のずれに不安を持ったためと考えられる。また、朝倉市の秋月に秋月眼鏡橋があるが、この橋は、溶結凝灰岩よりは強くて硬い花崗岩で造られている。しかし、完成直前にはじけて一度は崩壊したことが報告されている。これは、花崗岩が硬いために、輪石同士のなじみや食い込みが無かったため生じた失敗で、眼鏡橋の石材は、強さだけでなく、適度な軟らかさが必要なことを示している。なお、本来は凝灰岩と溶結凝灰岩は別物のため区別すべきであるが、橋のたもとの説明板などでは、この違いが認識されずに単に凝灰岩と記されている場合がある。実際は溶結凝灰岩と思われるが、本書でもそのまま凝灰岩と記している。

(4) 優秀な石工の存在

江戸末期から明治中期までの約70年間の間に、熊本にとどまらず、鹿児島の甲突川五橋など九州各地や東京においても石橋を作り続けた技術集団があった。その技術集団の祖となる人物が「藤原林七」（1765−1837）である。林七は、長崎奉行所に勤める下級武士であったが、中島川に架かる「（長崎）眼鏡橋」に興味を持ち、外国人とも接触していたが、鎖国政策下のことでもあり、奉行所に追われる身となり、熊本の種山村（今の菊陽町）に逃げてきたといわれている。そこで、その後も岩永宇七から技術を習い、石造アーチ建設技術の研究を続け、弟子や息子たちにその知識と技術を伝授したといわれている。中でも、宇七の子で林七の娘婿となった岩永三五郎（1793−1851）は、雄亀滝橋（1817年）、聖橋（1832年）、浜町橋（1833年）を手掛けており、晩年は、薩摩藩の要請により、甲突五橋をはじめ36基の眼鏡橋を造ったといわれている。

橋本勘五郎（丈八 1822−1897）は林七の孫であるが、霊台橋（1847年）、金内橋（1850年）をかけた後、東京でいまは解体されている万世橋（1873年）、浅草橋（1874

年）などを架橋した。帰郷後、明八橋（1875年）、明十橋（1877年）、永山橋（1878年）をかけた後、最後の下鶴橋（1886年）は、息子弥熊を指導しながら造ったと思われる。

肥後の石工の系統は、種山石工以外に、県北や天草で活躍した石工たちも存在する。林七より以前に熊本で最初に石造アーチ橋を手掛けた石工が「仁平」である。仁平のルーツは、熊本城築城に際して、加藤清正が呼び寄せた近江（今の滋賀県）の「穴太（あのう）石工」である。仁平（1737－1790）は、洞口橋（1774年）や黒川眼鏡橋（1782年）を架設した。豊岡眼鏡橋（1802年　石工理左衛門）や御船の門前川眼鏡橋（1808年　石工理左衛門）や湯町橋（1814年）は、仁平没後の架設であるが、仁平一門の石工の作と考えられる。

九州で石橋の数を県別に見てみると、大分県が最も多い。しかし、どちらかといえば、明治や大正時代の橋が多い。熊本県は、総数では大分県に及ばないが、半数以上が江戸時代のものであることが特徴で、誇れるところである。
石橋の構成部分の名称を図－４に示す。

図－４　石橋各部の名称

7）熊本（肥後）の街道と河川、橋との関わり

熊本（肥後）は九州中央部の西側に位置し、菊地川、白川、緑川、球磨川などの大河が流れており、その恩恵を受け、古代・中世・近代における政治・教育の中心地として繁栄してきた。

肥後の道は、地理的条件等から「豊前街道」「豊後街道」「薩摩街道」「日向往還」「人吉街道」など四方八方に広がっており、人の往来と商いの道として利用されてきた。

現代も九州自動車道や国道３号が熊本を縦貫し北九州と南九州を結ぶ道路の要衝となっている。これらの道には、河川や渓谷などを渡る難所も多く、先人たちの知恵と、地域の手永の惣庄屋、有力者などの尽力により石橋などが架けられた。

特に、石橋については、各街道の要衝に建造されている。また、近・現代においても鉄橋や高速道路橋等が建設され交通網の発展に繋がっている。

『熊本橋紀行』を編纂するにあたって、道路と橋とのかかわりを避けることができないことから、肥後を起点とした主な旧街道・往還について記述してみたい。

里程元標跡のある熊本札の辻（現新町１丁目）

(1) 豊前街道（約168km、約42里）

熊本札の辻（新町１丁目）を起点とし、熊本城内に入り法華坂・二の丸御門・新堀口を経て京町へ。京町—鹿子木荘（王家領荘園。現北区鹿子木）—山本郡味取（現北区植木町味取）—鹿央町（山鹿市）—大路曲荘（現在の山鹿市南島あたり）へ。菊池川を渡河し山鹿市を西に大きく迂回し、南関（玉名郡）—筑後府内（現福岡県久留米市）へ。筑前六宿を経て小倉（北九州市。小倉路ともいう）に至る。

掲載橋：岩本橋、高瀬眼鏡橋、豊岡の眼鏡橋

休憩地：鹿子木荘

宿　場：植木、山鹿、南関、筑前六宿

(2) 豊後街道（約124km、約31里）

熊本札の辻（新町１丁目）から豊前街道と同じルートを経て京町１丁目（現教育会館）から豊前街道と分かれ観音坂を下り、内坪井—横町—立町—立田口番所（立田口大神宮の赤鳥居）へ。当時街道の起点となっていた立田口から、薬園町—蚕養・一夜塘（現子飼）—１里木（現黒髪）—２里木（現龍田小学校手前）—武蔵塚（龍田）—出村（現弓削）—三里木（菊池郡菊陽町）—大津—二重峠・的石御茶屋・内牧（阿蘇市）へと進む。さらに、坂梨（一の宮町）—笹倉（現波野大字小地野）—大利（阿蘇郡産山村）—野津原（大分県大分市）を経て鶴崎（同市）に至る。

休憩地：大津（熊本を出て最初の休憩・宿場）、的石御茶屋

宿　場：大津、内牧、波野

(3) 薩摩街道（約233km、約58里）

新町１丁目の熊本札の辻から同３丁目の御門—古町—長六橋—川尻—宇土—松橋・豊野・小川（宇城市）—八代—佐敷（葦北郡）—水俣を経て薩摩路に入ったら出水（鹿児島県出水市）—阿久根（阿久根市）—川内（薩摩川内市）—伊集院（日置市）を経由し鹿児島（市）に至る。

八代—水俣は現在トンネルで結ばれた高速道路も開通し快適に通過することができるが、昔日は「赤松太郎」「佐敷太郎」「津奈木太郎」など、三つの峠を越えなければならず難所であった。

薩摩藩の島津氏はこの道から豊前街道を利用して参勤を行っていた。ただし帰路は佐敷まで下り、分岐して人吉路を通った。

掲載橋：郡代御詰所眼鏡橋、新免目鑑橋と赤松第一号眼鏡橋、重盤岩眼鏡橋

（4）日向往還

日向往還は河川や渓谷など難所もあることから、多くの石橋が架けられていたが、本書では特徴ある橋を掲載している。熊本（肥後）から日向北西部に至るこの道は「日向街道」とも呼ばれ、二つのルートが利用された。

ルート1（約134km、約34里）

熊本札の辻（新町１丁目）を起点とし、薩摩街道の御船口（長六橋を渡ったところ。現迎町）―春竹―田迎―上益城郡の嘉島と木倉（御船）―北中島・矢部・清和・蘇陽・馬見原（現上益城郡山都町）を経て日向路へ。そこからは芝原・三田井（西臼杵郡高千穂町）と進み延岡市に至る。

ルート2（約137km、約35里）

本荘から渡鹿（とろく）―布田（阿蘇郡西原村）―阿蘇外輪山を越え南郷谷、高森へ。そこからは田原・三田井（西臼杵郡高千穂町）を経て延岡へ至る。

掲載橋：門前川目鑑橋、下鶴橋、八勢眼鏡橋、金内橋、霊台橋、聖橋

（5）その他の街道・往還

①　天草路

天草は幕府の天領で代官（後の郡代）の支配地であったが、警備は肥後藩、島原藩があたった。このことから天領支配の長崎と、警備の肥後藩・島原藩との関連が深く、長崎からの巡見使の道として次のルートが利用された。

〈長崎からのルート〉

長崎－茂木－富岡（熊本県天草郡）－本渡・栖本・上津浦（天草市）－口之津（長崎県南島原市）

また、熊本からは次のルートが利用された。

〈熊本からのルート〉

熊本から薩摩街道を通り宇土の轟水源へ。そこから網田を経て三角（宇城市）へ。三角からは船を利用し、大矢野・松島（上天草市）－本渡（天草市）－富岡（代官所。天草郡）に至る。

掲載橋：祇園橋、市ノ瀬橋、施無畏橋、楠浦眼鏡橋

② 人吉街道

熊本から相良氏の領国球磨郡への道で、「人吉往還」とも呼ばれる。薩摩街道の佐敷から東へ分岐し、山を越え大坂間（現球磨郡球磨村一勝地）へ。その後球磨川沿いに南下し人吉に至る。その先は次にあげる二つのルートがあった。

ルート１：人吉から南下し大畑（おこば）（人吉市）―加久藤（宮崎県えびの市）

＊国境堀切峠に至るルート

ルート２：人吉から東進し湯前（球磨郡）―西米良村（宮崎県児湯郡）

＊国境横谷峠に至るルート

古くは、佐敷（葦北郡芦北町）―人吉・大畑（人吉市）―加久藤・飯野（宮崎県えびの市）へのコースが幹線路となっており、中央への貢納輸送路でもあった。相良氏の軍勢が日向や八代へ版図（はんと）拡大のため頻繁に往来し、近世には幕府の巡見使の道、相良氏の参勤交代の道として利用されていた。

近年の鉄道敷設にあたっては、峻嶮（しゅんけん）な加久藤越えにループ線（人吉―吉松）が採用された。

掲載橋：石水寺門前眼鏡橋、禊橋

〈参考〉「街道」「往還」

「往還」は「街道」の別称として使われていたようだが、現在の道路に置き換えてみると、主要道（国道レベル）を「街道」、県道レベルの道を「往還」と考えてよい。

熊本「札の辻」を基点とした

県内の街道等概略図

「豊前街道」

①**熊本札の辻**（新町1丁目）－京町－②**鹿子木荘**（現北区鹿子木）－③**山本郡味取**（現北区植木町味取）－④**鹿央町**（山鹿市）－大路曲荘（現在の山鹿市南島あたりか）－⑤**南関**（玉名郡）－筑後府内（現福岡県久留米市）－筑前六宿－小倉（北九州市）（約168km、約42里）

「豊後街道」

①**熊本札の辻**（新町1丁目）－②**京町１丁目**－観音坂－内坪井－横町－立町－③**立田口**（立田口大神宮の赤鳥居）－薬園町－蚕養・一夜塘（現子飼）－１里木（現黒髪）－２里木（現龍田小学校手前）－武蔵塚（龍田）－出村（現弓削）－④**三里木**（菊池郡菊陽町）－⑤**大津**－⑥**二重峠**・⑦**的石御茶屋**・⑧**内牧**（阿蘇市）－⑨**坂梨**（一の宮町）－⑩**笹倉**（現波野大字小地野）－大利（阿蘇郡産山村）－野津原（大分市）を経て鶴崎（同市）に至る（約124km、約31里）

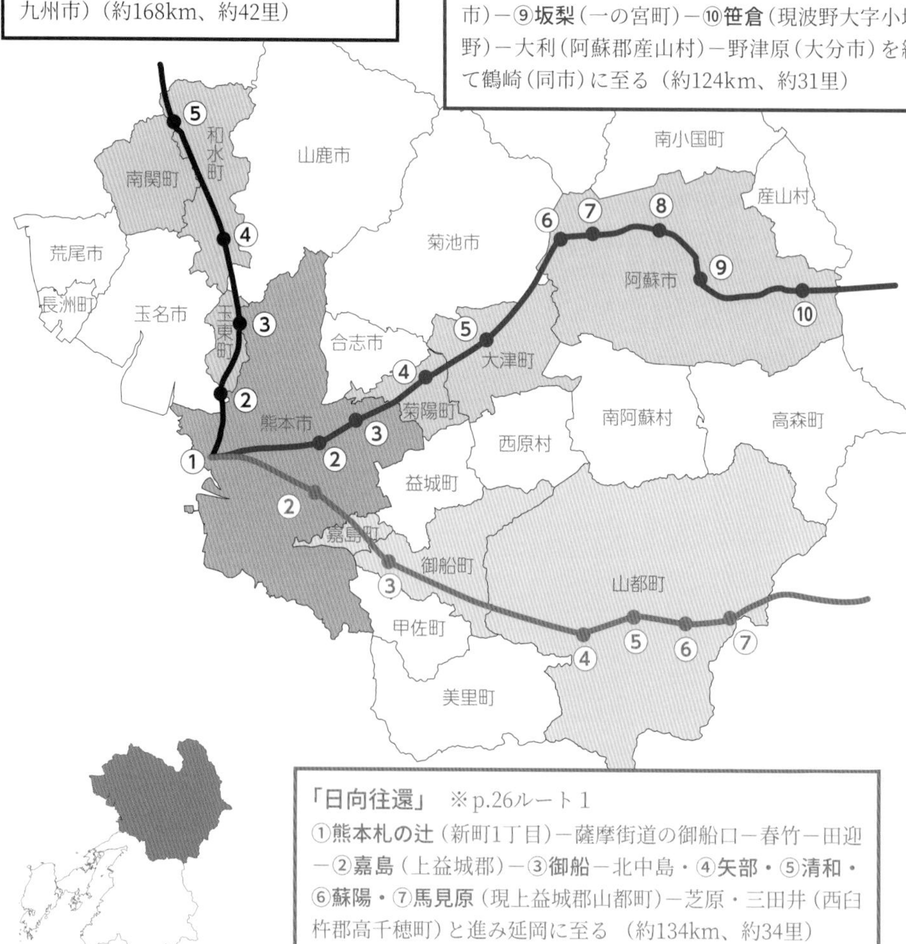

「日向往還」　※p.26ルート１

①**熊本札の辻**（新町1丁目）－薩摩街道の御船口－春竹－田迎－②**嘉島**（上益城郡）－③**御船**－北中島・④**矢部**・⑤**清和**・⑥**蘇陽**・⑦**馬見原**（現上益城郡山都町）－芝原・三田井（西臼杵郡高千穂町）と進み延岡に至る（約134km、約34里）

「天草路」 ※熊本からのルート

熊本－①**宇土**－②**網田**（宇土市）－③**三角**（乗船。宇城市）－④**大矢野**・⑤**松島**（上天草市）－⑥**本渡**（天草市）を経由し⑦**富岡**（代官所。熊本県天草郡）に至る

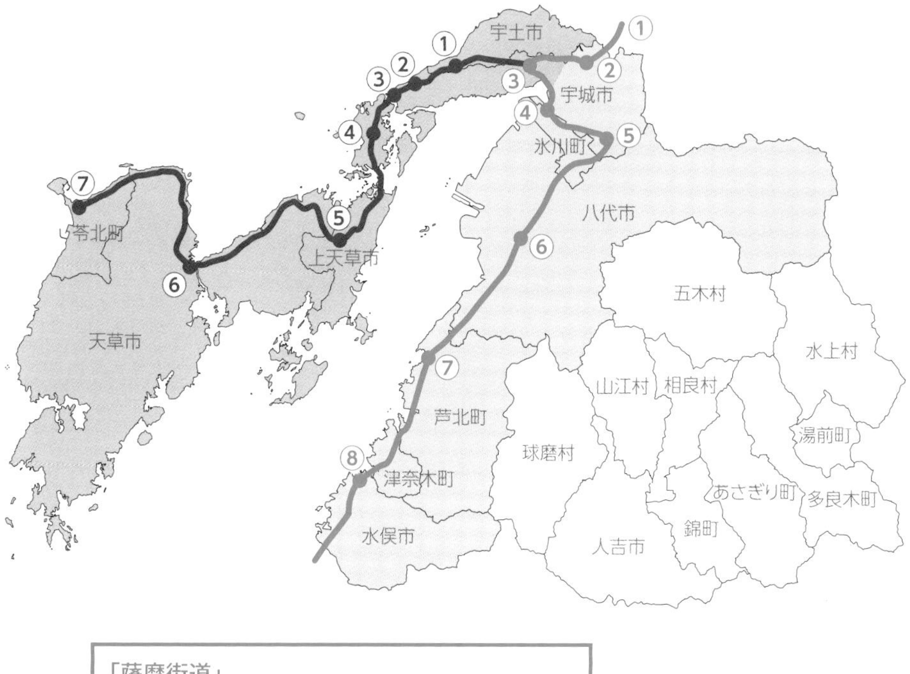

「薩摩街道」

①**熊本札の辻**（新町1丁目）－古町－長六橋－②**川尻**－③**宇土**（宇土市）－④**松橋・豊野**・⑤**小川**（宇城市）－⑥**八代**（八代市）－⑦**佐敷**（葦北郡）－⑧**水俣**（水俣市）－出水（鹿児島県出水市）－阿久根（阿久根市）－川内（薩摩川内市）－伊集院（日置市）を経由し鹿児島（市）に至る（約233km、約58里）

8）白川の橋の変遷：清正の時代から現在まで

天正16（1588）年、加藤清正は肥後領主として入国すると茶臼山に城郭を構築し、白川、坪井川、井芹川の３河川を城下の東、南、西の三方面の防衛線とした。坪井川を白川から切り離して井芹川と合流させ城の内堀とし、白川を外堀とした。坪井川は城下の重要な舟運機能を持つことになり、川筋に沿って商人、職人の町が形成され、藪ノ内橋、厩橋、下馬橋、船場橋、新三丁目橋（後の明八橋）の木造桁橋が架けられた。これに対して白川には、慶長６年（1601年）年の大天守閣建築の資材搬入のために架設された長六橋１橋だけが架けられていた。当時の町区画は白川右岸側にのみ形成されており、白川を渡河する手段としては、上流から子養渡し（現子飼橋付近）、法念寺渡し（現明午橋付近）、本庄渡し（現新世継橋付近）、本山渡し（現泰平橋付近）、二本木渡し（現白川橋付近）等の賃取り渡船場があった。明治期になるとこれらの渡船場所に有料の木橋が架けられた。

江戸末期には、城下町が膨張し、白川左岸に侍屋敷が造られ、“新屋敷”と呼ばれた。熊本城下の第二の白川架橋は、安政４（1857）年の安政橋で、３年後に安巳橋と改められた。

明治初期にかけて新屋敷の居住地区は白川上流に向かって拡大したため、明治３（1870）年庚午の年に明午橋が完成した。明治４（1871）年に個人や団体で道路・橋梁を新築・修繕した者に利用料の取り立てを認めるという太政官布告によって、明治10年頃から明治中頃にかけて、思案橋（明治10年頃、後の白川橋）、明辰橋（後の泰平橋）、世継橋、子飼橋、世安橋といった木造の賃取橋が架けられた。

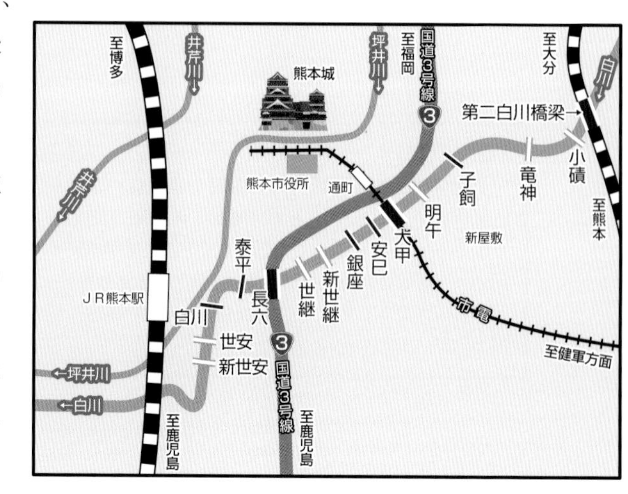

その後、明治22（1889）年には、熊本市が誕生し、九州の中央都市として主に東に向かって発達・繁栄し

ていった。しかしながら、白川の橋は、明治33（1900）年、大正12（1923）年の水害で多くの橋が流される経験を経て、“流されない橋”の必要性を認識され、徐々に、コンクリート、鋼を用いた近代橋梁の架設の時代を迎えた。さらに、戦後復興から脱皮しつつあった昭和28（1953）年６月26日、洪水により熊本空襲に匹敵する被害に見舞われた。この洪水では、長六橋と子飼橋のみ無被害で、銀座橋、大甲橋は損傷を受けつつもその形をとどめたものの、それ以外の橋はすべて流失しており、現在の橋は、その後建設されたものである。その際、市街部の11橋の内、半数以上を占める６橋が、下路式アーチ橋梁として建設されたことにより、アーチ形式橋梁が熊本の都市景観を構成する要素となった。

（以上、戸塚誠司、小林一郎『熊本・白川における橋梁変遷史』土木史研究　第18号　1998年５月、戸塚誠司『熊本県下における近代橋梁の発展史に関する研究』）

しかし、その後の老朽化と交通量の増加などへの対応により、現在では、長六橋、子飼橋がプレストレストコンクリート桁橋に造り替えられており、白川橋、泰平橋、銀座橋、安政橋（安巳橋）が、アーチ橋（ランガー桁橋）の姿を残している。

曲がる抵抗力で荷重を支える橋の形式

桁橋

丸木橋が発展したもの
曲がる抵抗力で支える
支間の短いものはI形断面　支間の長いものは箱型断面を用いる

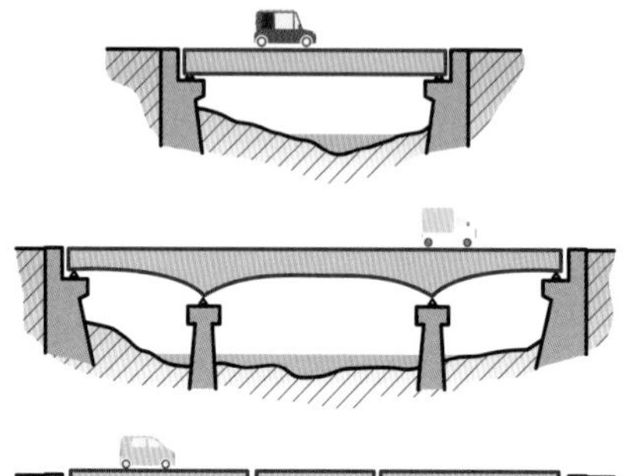

単純桁
1本の桁を2つの点で支えたもの

連続桁
1本の桁を2つ以上の点で支えたもの
単純桁より支間を大きくできる

ゲルバー桁（考案者の名）
張り出した両側の単純桁に中央の単純桁を載せたもの

ラーメン橋

建築のビルと同じ構造
曲げと圧縮で抵抗する

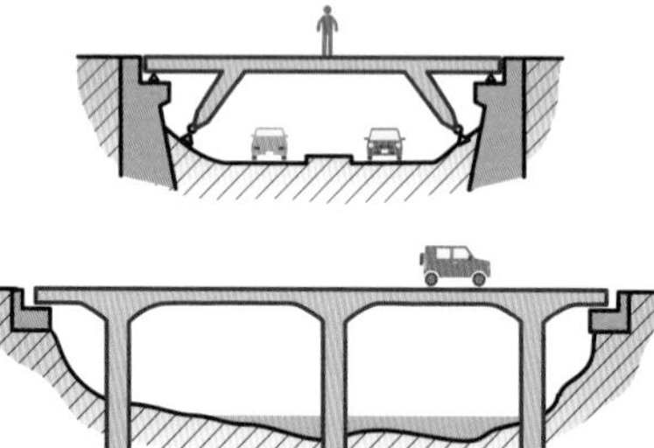

π形ラーメン
高速道路の跨線橋によく用いられる

連続ラーメン
橋脚と一体に造られたもの

トラス橋

細い部材を三角形に組み立てたもの
それぞれの部材は、引張力か圧縮力で抵抗するが全体としては曲がる抵抗力で支える

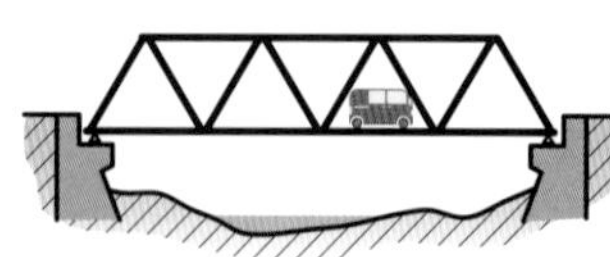

単純 トラス（下路式）
ひとつのトラスを二つの支点でささえたもの
鉄橋によく用いられる

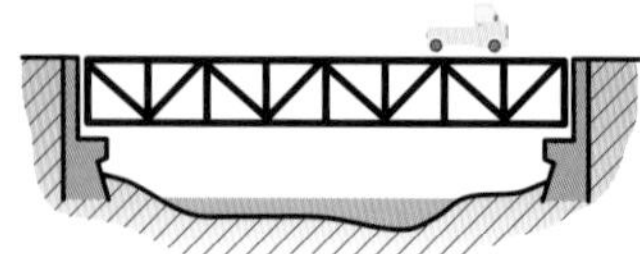

単純 トラス（上路式）
トラスの上に通路があり通行時には気づきにくい

連続 トラス
ひとつのトラスを二つ以上の支点で支えたもの
単純トラスより支間を大きくできる

I. 県北・菊池川水系の橋

17 立門橋

所在地MAP

県北・菊池川水系の橋

橋名称の文字色は素材を表わしています。
赤＝鋼　灰＝コンクリート　茶＝石

8. 弁天橋（園木橋）

福岡県

443

5. 大坪橋

1. 岩本橋

29

荒尾市

山鹿市

6. 山鹿大橋

有明海

2. 高瀬川橋梁

玉名市

3. 高瀬眼鏡橋

3

国道3号線

菊池川

4. 豊岡の眼鏡橋

208

31

大分県
9. 田中橋
県境
7. 湯町橋
龍門ダム
15. 虎口橋
387
11. 洞口橋
14. 寺小野橋と龍門橋
12. 菊池川鉄橋
13. 迫間橋
325
17. 立門橋
菊池市
387
45
10. 分田橋
菊池川
18. 永山橋
329
16. 姫井橋
387
325

1 岩本橋（いわもとばし）

荒尾市上井手岩本

旧三池往還に架けられた水切りのある石橋

この橋は江戸時代、三池往還と呼ばれた街道が諏訪川を渡る地点に架けられている。たもとの陶板の説明によれば、ここは、肥後と筑後の藩境にあたり、関所（岩本番所）が置かれた交通の要衝であった。完成年については諸説あったが、橋近くに立つ荒尾市教育委員会による説明板には、「永青文庫」（細川藩の古文書）の記録によると、竣工年は慶応2～4（1866～68）年と考えられる、と書かれている。石工についても橋本勘五郎との推定もあるが定かではない。石材は阿蘇凝灰岩を用いており、橋脚を保護するための水切りや上流の水勢を規制するなど、橋を守る工夫がなされている。昭和37（1962）年の水害により一部崩壊したが復元された。

〈参考〉三池往還：熊本城下から山鹿・南関に向かう豊前街道から植木で分岐し、田原坂・高瀬・荒尾・筑後三池・柳川を経由して長崎に至る街道で、加藤清正によって整備された。

DATA

荒尾市上井手岩本

規模 橋長：32.0m 径間：12.5m、12.6m 幅：4.0m

形式 二連続石造アーチ

石工 不明

完成 慶応２～４（1866～68）年

熊本県指定重要文化財

アクセス 荒尾市より県道29号線で東進、荒尾市立平井小学校を過ぎ、尼が島の信号を左折し、北へ100m程

周辺観光 三池炭鉱「万田坑」（明治日本の産業革命遺産として世界文化遺産に登録、荒尾市原万田200-2）

2 高瀬川橋梁（たかせがわきょうりょう）

玉名市高瀬菊池川

大正の鉄橋を明治の橋脚が支える

熊本県内の最初の鉄道建設は荒尾～長洲～高瀬（現在の玉名市）から始まり、次いで、高瀬～熊本間28.0kmに延伸された。その際、菊池川をはじめとして、中小の河川に多くの近代鉄橋が架けられた。この区間が明治24（1891）年に開通することにより、門司～熊本間195.4kmに及ぶ陸上交通機関が整備された。

菊池川に架けられた高瀬川橋梁は、九州鉄道で架けられた橋梁の中では県内最長の規模で、当初、ドイツ・ハーコート社製のボーストリングトラス（上弦材が弧の形をしたトラス）という鋼製の橋が８連用いられたが、大正５（1916）年頃撤去され、現在の下路式プラットトラス橋７連へ架け代えられた。しかし、下り線の橋脚には、九州鉄道建設時の明治の煉瓦造りがそのまま用いられている。

明治33年に作られたという鉄道唱歌には、「眠る間もなく熊本の町に着きたり我汽車は九州一の大都會人口五萬四千あり」と歌われている。熊本の繁栄を築いたこの九州鉄道は、今や新幹線にその役割を引き継ぎつつあるが、その橋脚は130年以上、橋は100年以上未だに貢献し続けていることは、驚くべきことである。

明治24年製の煉瓦造りの橋脚

参考文献：戸塚誠司「熊本県下における近代橋梁の発展史に関する研究」

DATA

玉名市高瀬菊池川

規模　橋長：319.6m
支間：46.68m×4＋31.396m＋32.98m×2　幅：単線

形式　下路式鋼プラットトラス（リベット）

完成　大正５（1916）年

アクセス　国道208号から県道347号線に左折し、玉名市内に入る手前で菊池川（高瀬大橋）を渡るとき左に見える

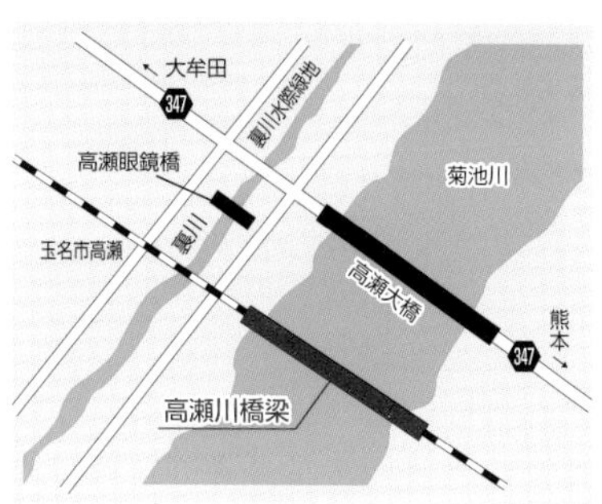

3 高瀬眼鏡橋（たかせめがねばし）

玉名市高瀬下町

花菖蒲の名所「高瀬裏川」に架かる二連石造アーチ

旧高瀬町は江戸時代、米をはじめ農産物を集荷し、積み出す港町として繁栄した。この眼鏡橋は菊池川に平行して掘られた裏川に架けられている。嘉永元（1848）年、当時の高瀬町奉行高瀬寿平により築造された。溶結凝灰岩の輪石、親柱や高欄、水切りも備えられた二連の石橋である。石工は、丈八（橋本勘五郎）といわれているが定かではない。現在、橋の上流には花菖蒲が植えられて「高瀬裏川水際緑地公園」として整備され、開花時期の6月上旬頃には観光客で賑わいを見せている。近くにはＮＰＯ法人の「高瀬蔵」もあり、各種イベントが用意されている。

〈参考〉水切り：大雨の時などの強い水流を左右に分け、壁に当たる水の力（水圧）を和らげたり、流木の衝突を受け止めたりして、壁石など橋本体を守るために造られた川上側へ突出させて橋脚部に付加された石積構造。

DATA

玉名市高瀬下町

規模　橋長：19.0m　径間：6.6m　幅：4.0m
水面から路面までの高さ：7.5m

形式　二連続石造アーチ

石工　不明

完成　嘉永元（1848）年

熊本県指定重要文化財

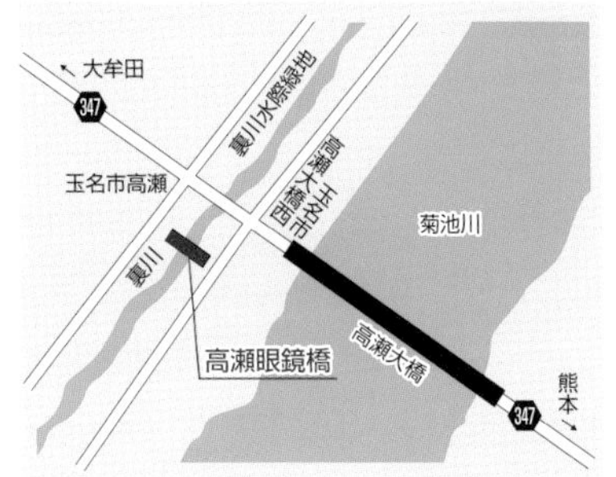

アクセス　国道208号から左折して県道347号線に入り、玉名市内に入る手前で菊池川（高瀬大橋）を渡り、すぐ菊池川と並行する裏川に架かる

周辺観光　玉名温泉（玉名駅よりバス約５分）
高瀬蔵（コンベンション施設、玉名市高瀬155-1）

4 豊岡の眼鏡橋（とよおかのめがねばし）

熊本市北区植木町豊岡中谷川

西南戦争を間近に見た石橋

この橋の下流側の要石（かなめいし）に、石工理左衛門の名と、最後の行に、「享和壬戌二年十月吉日」の文字が刻まれている。西暦でいうと1802年完成のこの橋は、年号が明らかにされている熊本県の石造眼鏡橋で最古の橋といわれている。

橋長12.8m、径間11.2m、輪石の厚み45cmの見事な単一アーチ橋である。

この橋の特徴は、輪石（わいし）と輪石の間に楔石（くさびいし）を挿入していることである。この橋も含めて輪石には、溶結凝灰岩という石が用いられる。溶結凝灰岩は火山灰が熱で溶けてさらに固まった石で、適度な軟らかさと強さを併せ持っている。この軟らかさによってお互いに押し付け合った輪石と輪石が食い込んで摩擦力を発揮し、上下にずれないようになっている。

この橋が建設されたころは、石工にこの理屈がまだ理解されておらず、楔石を設置したことが想像される。楔石を用いた県内の眼鏡橋としては、この橋以外に、井口眼鏡橋（いぐちめがねばし）（架橋年不詳、菊池郡菊陽町大字辛川）と後述の洞口橋（1774年、山鹿市菊鹿町）、門前川眼鏡橋（1808年、御船町木倉）の3橋がある。いずれも初期の橋で、通潤橋（1854年）や霊台

橋（1847年）を造った種山石工とは、別系統の石工集団が造ったものと考えられる。この橋を渡り、国道208号線へ出たところに、「田原坂攻撃官軍第一陣地址」の石柱が建っている。

新豊岡橋

DATA

熊本市北区植木町豊岡中谷川

規模 橋長：12.8m 径間：11.2m 幅：4.9m 高さ：4.4m

形式 単一石造アーチ

石工 理左衛門

完成 享和２（1802）年

熊本市指定文化財

アクセス 熊本市中心部から国道３号を久留米方面へ約20分進み、植木交差点で左折し国道208号に入る。玉名方面を目指し約10分進み、熊本県道31号玉名線との交差点を左折すると直ぐ右側に見える

周辺観光 田原坂（西南の役 激戦地公園、資料館他）

5

大坪橋（おつぼばし）

山鹿市鍋田
山鹿市立博物館前

水路橋としては通潤橋に次ぐ全国2番目の規模

山鹿市教育委員会の石碑によると、この橋は、幕末の名惣庄屋福田春蔵により慶応元(1865)年頃架けられた。宗方・中村地区の住民が水利に乏しく干害に苦しむのを憂い、寺島井手の用水を引くため関係地区住民と共に苦心惨憺して、吉田川右岸の元熊入字大坪から山鹿市字七ツ石に架橋された。水路橋としては山都町の「通潤橋」に次ぐ全国2番目の規模の二連アーチの水路橋で、高欄など石積みが素晴らしい。昭和58(1983)年、吉田川の河川改修に伴い山鹿市立博物館前に移設された。

DATA

山鹿市鍋田　山鹿市立博物館前

規模　橋長：23.2m 径間：8.9m 幅：2.4m

形式　二連続石造アーチ

石工　不明

完成　慶応元（1865）年

アクセス　国道443号を北へ進み、梅迫から右に旧豊前街道沿いに行くと市立博物館に至る

周辺観光　熊本県立装飾古墳館（山鹿市鹿央町岩原3085）

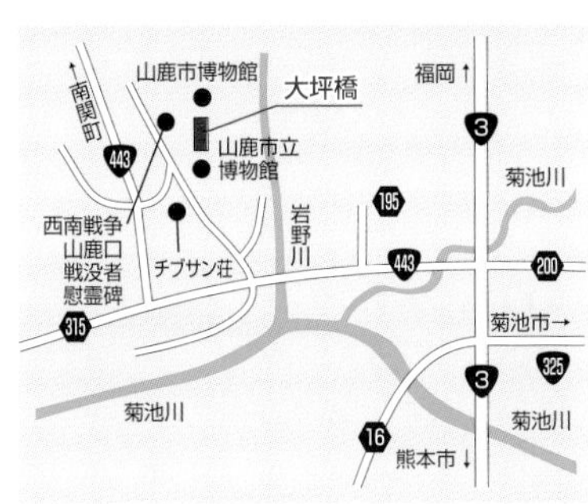

6 山鹿大橋（やまがおおはし）

山鹿市 宗方一南島

高欄に灯籠踊りの美人像

この橋は国道3号を熊本方面から北上し、山鹿市街に入る直前の菊池川に架けられている。国道3号は、北九州（福岡県から）九州の西部を縦貫し、鹿児島市（鹿児島県）に至る総延長は507.1kmの国道で、大正9（1920）年に一級国道に指定されている。　山鹿大橋は、その中間部にさしかかる河川に架けられている。

形式は、7径間連続鉄筋コンクリートゲルバー桁（橋の豆知識1. 曲がる抵抗力で荷重を支える橋の形式　桁橋の図参照）であった。しかし、その証拠の写真を撮るべく探した結果、ヒンジ部分〔橋に関する予備知識　3）橋の支え方（支点の種類）図－5参照〕がコンクリートで埋められ、アンカーボルトでつなぎ合わせて連続桁に改造されていることが判明した。

いつ連続桁に改造されたのか不明であるが、その意味でも珍しい橋である。このページの4枚の写真は、ゲルバーヒンジが埋められた痕跡を示す。

山鹿市は、湯質の良い温泉や紙製の山鹿燈籠造りが有名で、八千代座周辺の古民家の街並みをはじめ、毎年8月のお盆に開催される千人灯籠踊りなど観光地として全国的に知られている。

地覆部分にゲルバー桁の埋められた切れ目跡が残る

DATA

山鹿市 宗方―南島

規模　橋長：176.0m 幅：7.0m

形式　7径間連続鉄筋コンクリート連続T桁橋（ゲルバー桁を改造）

完成　昭和28（1953）年

アクセス　国道3号の熊本方面から山鹿市街に入る手前の菊池川に架かる

周辺観光　山鹿温泉街　八千代座（山鹿市山鹿1499）

7 湯町橋（ゆまちばし）

山鹿市杉（日輪寺公園内）

つつじの名所日輪寺に移設された石橋

文化11（1814）年、地元の石工・吉兵衛（石工、仁平一門）他により菊池川系吉田川（別称湯町川）に架けられていたが、水害や関連する河川改修のため山鹿市の日輪寺公園内に移設保存されている。

形式は二連の眼鏡橋で、石材は鍋田の凝灰岩を用いている。日輪寺は、忠臣蔵の赤穂浪士のうち細川藩御預けとなった大石蔵之助良雄他17人の遺髪塔もある由緒ある天台宗の寺で、春の桜やつつじの名所としても知られている。

DATA

山鹿市杉1607（日輪寺公園内）

規模 橋長：17.7m 径間：7.0m、7.1m 幅：4.8m

形式 二連続石造アーチ

石工 鍋田の吉兵衛　勘右衛門　甚吉　武右エ門

完成 文化11（1814）年
昭和50（1975）年　日輪寺へ移設

熊本県指定重要文化財

アクセス 国道３号沿いにあり、日輪寺前交差点の信号際に案内板がある

周辺観光 山鹿温泉　不動岩（山鹿市蒲生）
山鹿市立博物館（山鹿市鍋田2085）

8 弁天橋（園木橋）

山鹿市鹿北町岩野園木

低い欄干の単一石造アーチ橋

地元では、「弁天橋」と呼ばれ「園木橋」は通称である。

明治14（1881）年、当時59歳の橋本勘五郎により旧国道３号の開通に伴い架橋された。

橋は、中津川に架けられている単一石造アーチ橋で、橋長に比べ、幅が５mと広めで欄干が低い。現在、危険防止の柵が設けられており、旧道ではあるが現役の橋として活躍している。

岩野の弁天バス停から50m程離れている。鹿北地域には、女田橋、一本桁橋、勝負瀬橋、高井川橋等面白い名の石橋群が残されている。

DATA

山鹿市鹿北町岩野園木

規模 橋長：10.5m 径間：9.1m 幅：5.0m

形式 単一石造アーチ

石工 橋本勘五郎

完成 明治14（1881）年

山鹿市指定文化財

アクセス 国道３号に県道13号線が合流するＴ字路の信号機から福岡方面よりで、農協工場への旧道の入口に架けられている

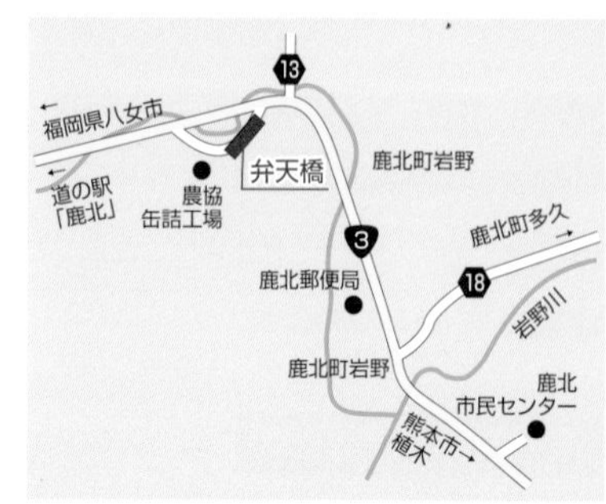

9 田中橋

山鹿市鹿北町多久

「藤からむ巌と化せよ車橋」と碑にあり

田中橋は、菊池川水系の岩野川に安政5（1858）年に石工の藤左衛門他により架橋された。鹿北周辺には多くの眼鏡橋があるが、その中では規模が最大の石橋で、山鹿市の文化財に指定されている。重厚な一連の石橋で欄干が珍しい形をしており、通称車橋、別名化巌矼（けごんこう）・車橋（くるまばし）と言われている。橋際に天然木の説明板がある。

DATA

山鹿市鹿北町多久

規模 橋長：16.7m 径間：12.7m 幅：4.1m 高さ：7.1m

形式 単一石造アーチ

石工 藤左衛門、藤兵衛他

完成 安政5（1858）年

山鹿市指定文化財

アクセス 国道3号から県道18号菊鹿鹿北線を目指し、右折すれば岳間渓谷へ行く道の曲がり口に橋が見える

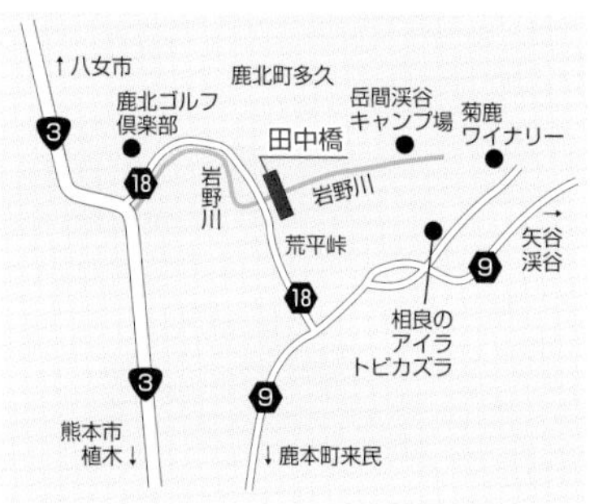

10 分田橋（ぶんだばし）

山鹿市鹿本町下分田

80年以上重交通に耐えるゲルバー桁橋

菊池川を渡る分田橋は、戦前の昭和12（1937）年から80年以上にわたって使用されている、現存する熊本県最古のコンクリートゲルバー桁橋である。

鋼橋の分野が先行したので、コンクリートのゲルバー桁橋が熊本県で架けられるのは、昭和6年頃からである。特に、戦災復興期、および昭和28年水害の復興期にその技術が存分に発揮された。鋼橋の建設が本格化する前や、プレストレストコンクリート橋が出現するまでは多用された。前述の山鹿大橋もその一つであったが、残念ながら連続桁に改造されていることを紹介した。戸塚誠司氏の調査（1999年3月まで）によると昭和20（1945）年以前に建設されたコンクリートゲルバー桁橋で現存しているのは、この分田橋と人吉市の球磨川に架かる大橋と小俣橋の3橋であった。その後、人吉の2橋は新しく架け替えられているので、この分田橋が県道198号線の重交通を通している唯一現存する橋ということになり、大変貴重である。

参考文献：戸塚誠司「熊本県下における近代橋梁の発展史に関する研究」1999年3月

下の拡大写真で分かるように、ヒンジ部分は、補強されており、かつ、落橋防止のためのケーブルが張られているのが確認できる。

DATA

山鹿市鹿本町下分田

規模　橋長：124.0m 支間：21.5m＋27.0m×3＋21.5m
幅：6.5m

形式　５径間連続鉄筋コンクリート　ゲルバーＴ桁橋

完成　昭和12（1937）年

アクセス　国道３号の熊本方面から山鹿市入って、県道198号線に右折し直進、菊池川に架かる

11 洞口橋（とうぐうばし）

山鹿市菊鹿町下内田字日渡

「日渡橋際公園」に復元された熊本県最古の眼鏡橋

洞口橋は、旧菊鹿町教育委員会が建てた説明版によると、安永３（1774）年の架橋ということで、熊本県内最古の眼鏡橋と言われている。

形式はリブアーチ式という珍しい架橋法（先ず細い１本のアーチを対岸まで完成させ、ついでそれに隣接させながら次々に同じ大きさの石を並べ架けて橋幅を広げていく）で現在、「日渡橋際公園」に１列のみの輪石が復元されている。一つ１m弱の長さの輪石７個が、楔（くさび）石でつながれている。

石工の仁平が天明２（1782）年に、阿蘇黒川での架橋（後出の橋場橋の位置にあった黒川眼鏡橋）を命ぜられた際、アーチ部を試作したものといわれている。以前は、東側の前川（太田川）に架けられていたが、流失したため現在地に復元された。

楔（くさび）石で連結

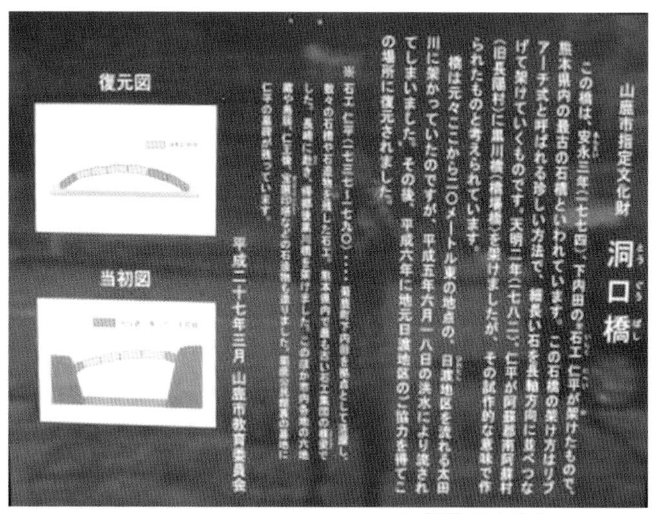

DATA

山鹿市菊鹿町下内田字日渡

規模 橋長：7.0m 径間：6.6m 幅：0.6m

形式 石造　リブアーチ

石工 仁平

完成 安永３（1774）年

山鹿市指定文化財

アクセス 鹿本、来民交差点より県道196号線を北へ進み、東に道なりに曲がる。米嶋八幡宮を過ぎてすぐの道を左折する。約2.5km北上し、右にまがり太田川を渡ってあんずの丘へ行く道の橋の手前右の小公園にある

周辺観光 菊鹿温泉　相良観音と天然記念物アイラトビカズラ　菊鹿ワイナリー

12 菊池川鉄橋

きくちがわてっきょう

山鹿市鹿本町梶屋
道の駅「水辺プラザかもと」

九州初の鉄道用トラスの一部を遺産として保存

この橋は大正6（1917）年、旧鹿本鉄道（昭和27年に山鹿温泉鉄道と改称）の開業に伴い、千歳川（現筑後川）に架設されていた、九州初の九連の鉄道用トラス「千歳川鉄橋」の改修にあわせ、うち四連を菊池川鉄橋として再利用したものである。山鹿温泉鉄道は、昭和40（1965）年に廃止されたため、平成14（2002）年、その一部を貴重な橋梁遺産として鹿本町の道の駅「水辺プラザかもと」の遊歩道の一部として移設された。この橋は九州最古の鉄道用鉄橋の生き残りであり、九州の鉄道の歴史にとって、貴重な産業文化遺産である。

棒状の部材を三角形に組み合わせた骨組形式をトラスというが、その組み合わせ方の種類がいくつかある。その中で、これはプラットトラスという形式（中央部の斜材がV型に配置されているトラス）である。この時代は、溶接ではなくリベットという鉄鋲で、４枚の鉄板を繋ぎ合わせて箱型の部材を作り、部材同士をつないでトラスとしているのが珍しい。また、左右両側のトラスの上面は通常、部材で結ぶのが普通であるが、この橋は結ばない開放的なポニートラスという形式でもある。周辺は公園化され、地域の憩いの場となっている。

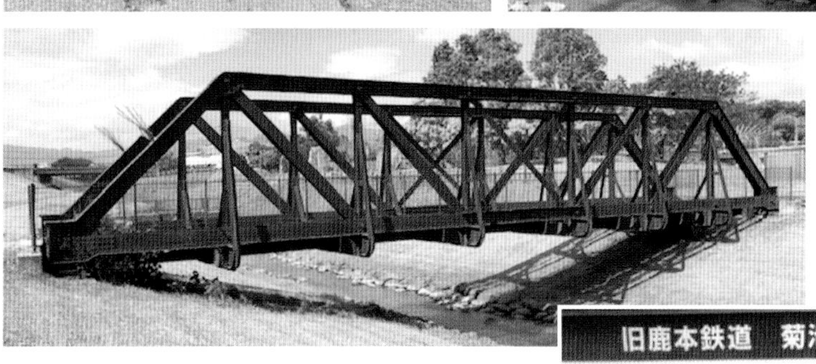

DATA

山鹿市鹿本町梶屋1257 道の駅「水辺プラザかもと」

規模　橋長：22.4m（32.0mを短縮保存）幅：単線

形式　下路式鋼ポニープラットトラス

完成　千歳川橋梁（1890年）
鹿本鉄道菊池川橋梁（1917年）

アクセス　熊本から国道３号並びに県道198号線を利用して、山鹿市鹿本町御宇田交差点へ、右折して国道325号に入り3.7km進行し、内田川を渡る右側の中州にある。山鹿市から8.3km

周辺観光　道の駅「水辺プラザかもと」（宿泊施設、特産品ほか各種施設有）

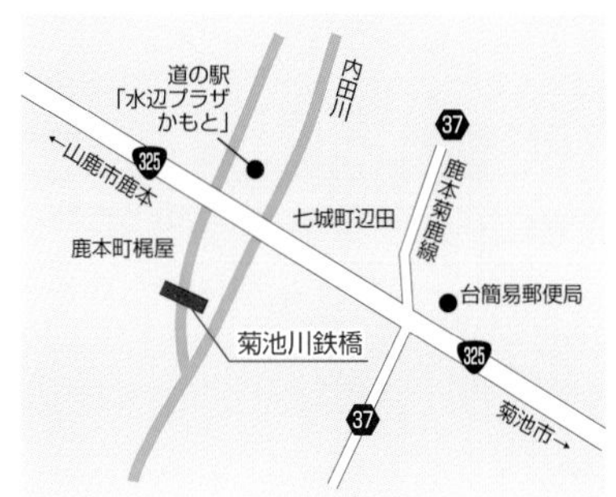

13

迫間橋（はざまはし）

菊池市西迫間

迫間川をまたぐ大型石造アーチ橋

迫間橋は、菊池川系の迫間川をまたいで架けられた径間20mの大規模な石橋で、文政12（1829）年に西迫間村の石工伊助、喜左衛門他により架橋された。この橋の100m程下流にある「迫間滝」を含む眺望は抜群である。橋際にある記念碑の字は隈府生まれの近世文教の要人「城野静軒（きのせいけん）」（1800−1873）の筆によるものと伝えられている。

DATA

菊池市西迫間

規模 橋長：36.4m 径間：20.2m 幅：4.0m

形式 単一石造アーチ

石工 伊助、喜左衛門 他

完成 文政12（1829）年

菊池市指定文化財

アクセス 菊池市街地から県道133号鯛生菊池線を北進すると迫間川沿いの西迫間川地区に至る。
小瀑の先に迫間橋が遠望できる

周辺観光 菊地温泉街、菊地神社

14 寺小野橋と龍門橋

てらおのばし　りゅうもんばし

菊池市龍門寺小野

明治の石造アーチ橋を代替するコンクリートリングアーチ橋

寺小野橋は、菊池川水系の迫間川の上流に架けられたコンクリートリングアーチ橋で、すぐ下流に架かっている石造アーチ橋、龍門橋の機能を代替するために架けられた橋である。リングアーチとは、コンクリートの曲面板をアーチ状に造ったものであり、骨組状のアーチからなるリブアーチと区別する名称である。後に紹介する阿蘇黒川の橋場橋と同じ形式であり、架橋年も同じ昭和30年である。リングアーチ上に比較的背の高いアーチ状の支柱を立てて、道路部分を支えているのが特徴である。

ネット等ではこの橋の架設年を昭和４年としてあるが、三十を表す旧漢字（十を三つ横に並べる）を「四」と読んだための間違いである。この形式で現存する最古の橋は、昭和27年架橋の念仏橋（橋長：30.5m、支間：21.5m 菊池渓谷の手前の菊池川に架かる）であるが、使用されておらず、周りが樹木で覆われ、その姿を見ることはできない。

龍門橋から見える寺小野橋

寺小野橋から見える龍門橋

龍門橋

樹木で覆われた念仏橋の一部

DATA

菊池市龍門寺小野

寺小野橋

規模 橋長：54.0m 径間：32.0m 幅：6.0m

形式 コンクリートリングアーチ

完成 昭和30（1955）年

龍門橋

規模 橋長：22.0m 径間：16.1m 幅：4.3m

形式 単一石造アーチ

石工 西木戸亀喜他

完成 明治22（1889）年

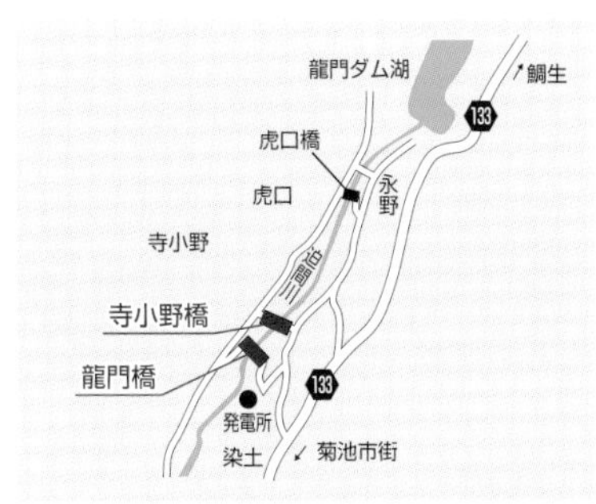

アクセス 菊池市から県道133号鯛生菊池線を北進し、迫間川沿いの寺小野地区に至る。発電所上流の迫間川を渡る

周辺観光 竜門ダム湖

15 虎口橋（こくばし）

菊池市龍門字虎口

地元石工による大型石造アーチ橋

虎口橋は、江戸時代末期の嘉永３（1850）年に地元の石工、仙左衛門（虎口村）、伊助、幸兵衛（西迫間村）によって地元の石材を使用して迫間川渓谷に架橋された、橋長25.3m、幅4.25mの大型の単一アーチ橋である。橋の路面部は、コンクリートによる拡張、転落防止の高欄が施されているが、車線幅が４m程で対面交通は難しいように見えた。

平成17年秋までは市道として利用されていたが、その後輪石アーチ部分の亀裂が危険だとし、通行止になっていた模様。平成29年夏に現地確認に行った際は通ることができた。周辺は藪が生い茂り輪石のアーチ部分は撮影が困難なため、尾上建設社長の尾上一哉氏撮影の写真を使用させていただいた。

周辺には、虎口橋をはじめ迫間橋、龍門橋、長野橋、鳳来橋他多くの石橋群が見られる。これら百年以上も前からある石橋群は、種山石工とは異なる地元石工が造ったもので、一つの眼鏡橋ルーツの文化であり、非常に重要な地域の財産である。「『本物とは何か？　美し

さとは何か?』の模範解答が、眼鏡橋、石橋として私たちの目の前にある。先人の知恵に敬意を表し、大切に扱い、修繕をして現役として活躍させなければならない。もったいないのである」とは、この橋を自ら調査された前述の尾上一哉氏（当時、尾上建設社長。現在は会長）の言葉であり、石橋に対する限りない愛を感じる。

参考文献：㈱尾上建設「虎口橋現地調査資料」山都町

DATA

菊池市龍門字虎口

規模　橋長：25.3m　径間：15.9m　幅：4.25m　拱矢：8.3m

形式　単一石造アーチ

石工　虎口村～仙左衛門　西迫間村～伊助　幸兵衛

完成　嘉永3（1850）年

アクセス　菊池市竜門ダムの下流1kmにある

周辺観光　石橋群（迫間橋、龍門橋、長野橋等）

16 姫井橋（ひめいばし）

菊池市旭志弁利字楠原・中須

わが国初、鉄筋コンクリート下路式アーチ橋

この橋は、大正14（1925）年に熊本県菊池郡旭志村（現菊池市）姫井に、周辺から切り出した木材運搬用の橋として既設の木橋に替え架設された、わが国初の下路式（路面がアーチの下側にある）鉄筋コンクリートアーチ橋である。この橋の完成により初めて荷馬車の通行ができるようになったことから、地元では「馬橋」とも呼ばれている。

現在の姫井橋は、隣接する新橋に車道としての役割を譲り、主に歩行者用として利用されている。この橋の存在で興味深いのは、以下の「土木学会選奨土木遺産解説シート」の記述である。「この橋の建設を計画したのは、菊池郡の中心地であった隈府（わいふ）町をはじめとする、12の町村によって組織された「隈府町外11ヶ村土木教育財産組合」という地域団体である。同組合は、勧業・造林や森林財産の収入による学校の経営、土木事業の設計・施工の監督、勧業造林や共有財産の管理処分などを取り仕切っていた。組合の規定のうち、土木事業に関する項目を見ると、工事の場所や種類によって組合各町村の負担割合が細かく定められており、組合が主体的に郡内の社会基盤整備を行っていたことがわかる。この組合のように、熊本では遅くとも江戸期から、地方が独立して土木事業を計画・施工できるような行政機構

（後に述べる総庄屋が活躍する手永制度など）が整えられていた。県内には石橋が多数建設されたが、それは肥後の石工集団の技術力もさることながら、この制度によるところがきわめて大きい。江戸から大正へと時代が移っても、このような制度は各地域に根付いていたのだろう」

DATA

菊池市旭志弁利字楠原・中須

規模　橋長：18.0m　幅：4.6m

形式　鉄筋コンクリート下路式アーチ橋

完成　大正14（1925）年

国登録有形文化財

アクセス　国道325号を北上、道の駅「旭志」を過ぎ、伊坂より県道329号線に入り、円通寺を過ぎ800m

周辺観光　道の駅「旭志」
複合施設「四季の里　旭志」
菊地渓谷他

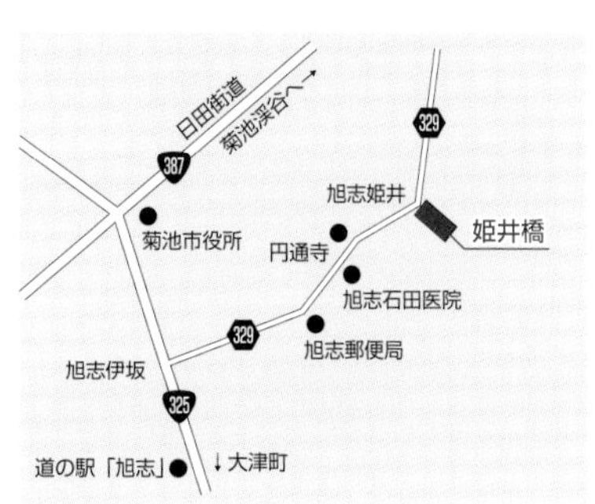

17 立門橋（たてかどはし）

菊池市重味立門

壁石に「立門」の橋名が刻まれた大型単一アーチ橋

立門橋は、菊池と小国を結ぶ「津江小国往還」に架かる重要な橋で、安山岩と凝灰岩を用いた全長75mのスケールの大きな石橋である。菊池市街地より国道387号を北上し、主要地方道45号線との交差点を左折してすぐの右側、消防団倉庫の左側に橋が架けられている。倉庫の左側に川面に下りられる坂があり、壁石に漆喰で「立門」の文字が見え、また橋の手前の水路に小さな迫（せり）持ち式石桁橋（52. 市木橋と同形式）がある。平成28（2016）年の熊本地震に際しては、震源地からかなり離れているにもかかわらず、左岸下流側の壁石が崩壊するなどの被害を受けたが、市がすぐに復旧工事に着手し、壁石などを積み直した。

手前の水路の迫持ち式石桁

DATA

菊池市重味立門

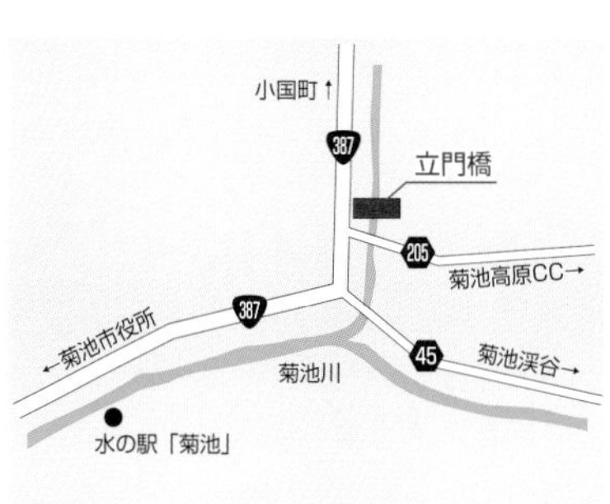

規模　橋長：36.6m　径間：21.7m　幅：3.6m

形式　単一石造アーチ

石工　矢部手永の宇市、丈八

完成　万延元（1860）年

熊本県指定重要文化財

アクセス　菊池市街地より国道387号を北上し、主要地方道45号線との交差点を少し北へ進むと、右側に消防団倉庫があり石橋が見える。道路左側のスペースに駐車可

周辺観光　菊池渓谷（紅葉・滝）　菊池温泉街
菊池神社（菊地市隈府1257）
班蛇口湖（班蛇口525-1）

18 永山橋（ながやまばし）

菊池市原

周辺の棚田や集落にマッチした山郷の石橋

永山橋は、小国往還（菊池～小国）の菊池川に架けられた交易上重要な役割を担った橋であった。現在の永山橋は文政12（1829）年5月の洪水で流失した旧橋の代わりとして明治11（1878）年に旧橋の約130m上流に架けられたと伝えられている。

橋の長さは61mの大型の石造り単一アーチ橋で、石材は近くの山（上崩迫）より切り出されている。石工棟梁は、種山手永の橋本勘五郎であり、彼が56歳の時に手がけた力作である。

DATA

菊池市原

規模 橋長：24.4m 径間：20.4m 幅：4.7m

形式 単一石造アーチ

石工 橋本勘五郎

完成 明治11（1878）年

熊本県指定文化財

アクセス 国道387号を東進、水の駅「菊池」を過ぎて菊池渓谷に向かう県道45号線に入り約1.5km、右下の菊池川に下る

周辺観光 立門橋
菊地渓谷（菊池市原）

豆知識 2

圧縮力で抵抗して荷重を支えるアーチ橋

円弧形状、放物線形状のものが多い

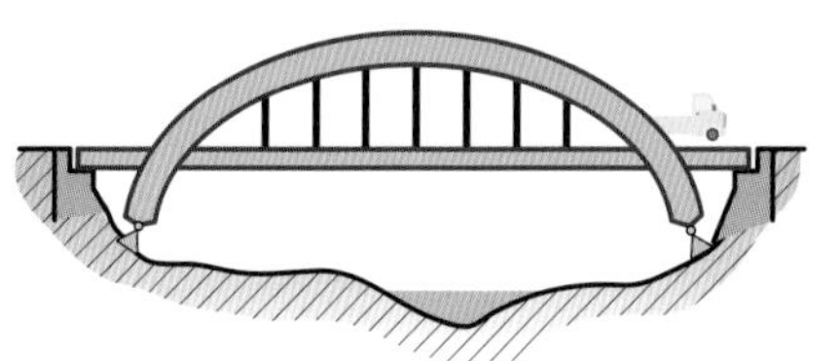

リブアーチ(中路式)
アーチ部分が箱形の断面の部材で造られている
アーチのみで道路桁を支える
支点が移動するとアーチ作用が得られないので基礎岩盤の強い所に用いられる

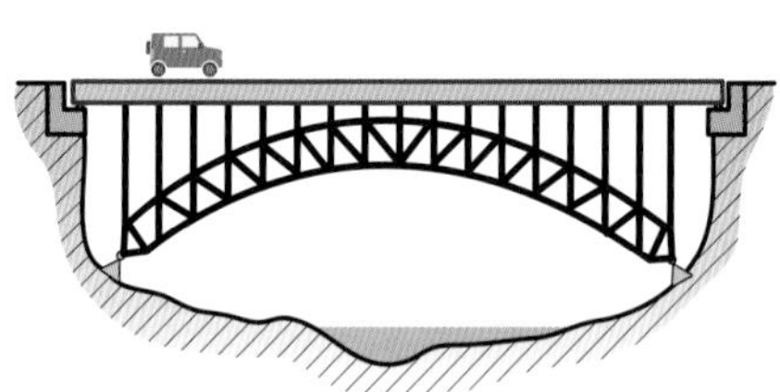

ブレースドリブアーチ(上路式)
より大きな支間に耐えるようにアーチ部分をトラスとしたもの
アーチのみで道路桁を支える
谷が深く基礎岩盤の強い所に用いられる

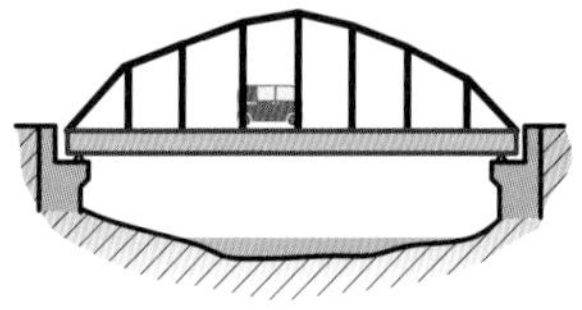

ランガー桁(下路式)
道路桁を折れ線のアーチ部材（圧縮のみに抵抗する）で補強したもの
都市部の軟弱地盤上でも造れる

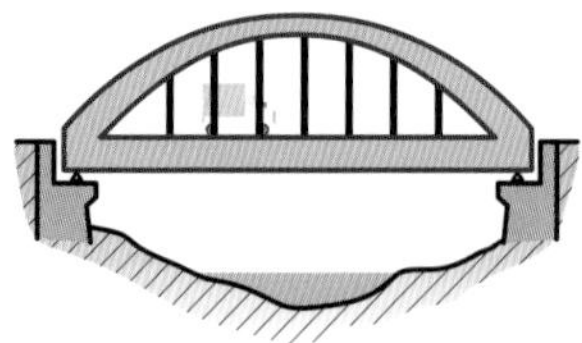

ローゼ桁橋
凸レンズ形のラーメンと考えて良い
圧縮に加えて曲げにも抵抗させるため曲線のアーチ部がランガー桁より太い

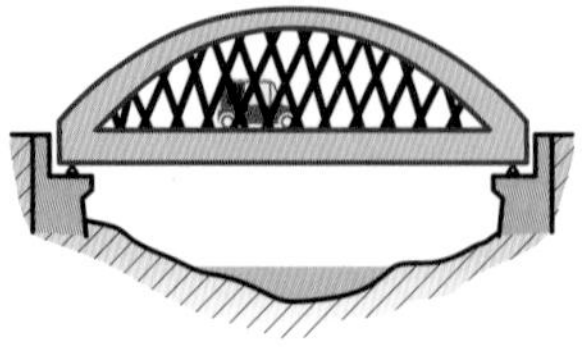

ニールセン(考案者名)タイプのローゼ桁橋
鉛直の吊部材の代わりに斜めのケーブルを用いたもの

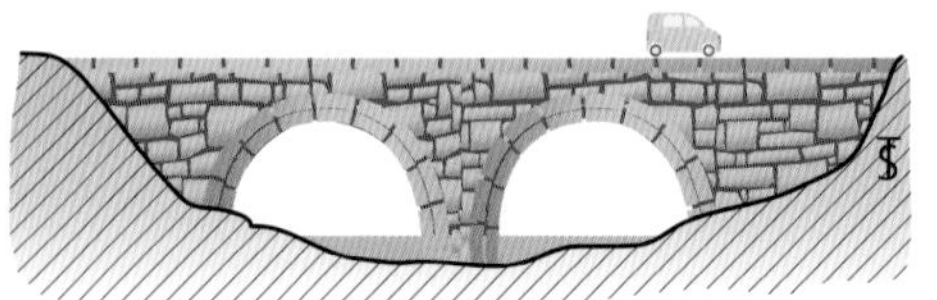

石造アーチ
溶結凝灰岩などを積上げたもの。江戸時代のものが熊本に多い

Ⅱ. 小国・阿蘇の橋

27 幸野川橋梁

所在地MAP

小国・阿蘇の橋

橋名称の文字色は素材を表わしています。
赤＝鋼　灰＝コンクリート　茶＝石　緑＝木

212

24. 新阿蘇大橋

387

25. 橋場橋

23. 長陽大橋

19. 上津久礼眼鏡橋

21. 立野橋梁

立野

57

22. 第一白川橋梁

28

20. 桑鶴大橋

大分県

27. 北里橋梁

27. 菅迫橋梁

28. 杖立橋

27. 廣平橋梁

27. 堀田橋梁

27. 汐井川橋梁

387

27. 堂山橋梁

小国町

27. 幸野川橋梁

442

212

29. ヒゴタイ大橋

57

26. 跡ヶ瀬大橋

30. 阿蘇望橋

阿蘇山

高森

325

31. 奥阿蘇大橋

19 上津久礼眼鏡橋

かみつくれめがねばし

菊池郡菊陽町津久礼

高低差のある用水路を跨ぐ二連の石造アーチ橋

上津久礼橋は、天保9（1838）年、戸次村の石工治助によって架けられた。特徴は、高低差のある二つの用水路に架かる橋長16.20m、幅2.80mの大小二連のアーチ型石橋である。橋は大アーチが津久礼井出（川底が低い）、小アーチが瀬田下井出（川底が高い）の下流の田んぼの中に構築されている。往時、津久礼村（区）は、もともと白川端にあったものを延宝時代の初期（1677年頃）、藩主の細川綱利公の命により、現在地に移住した。元録12（1699）年、御普請方、野口小次右衛門により津久礼井出が完成し、それまでの畑地が水田となり、経済性や周辺の実情に合せてこの眼鏡橋が架けられたと伝えられている。

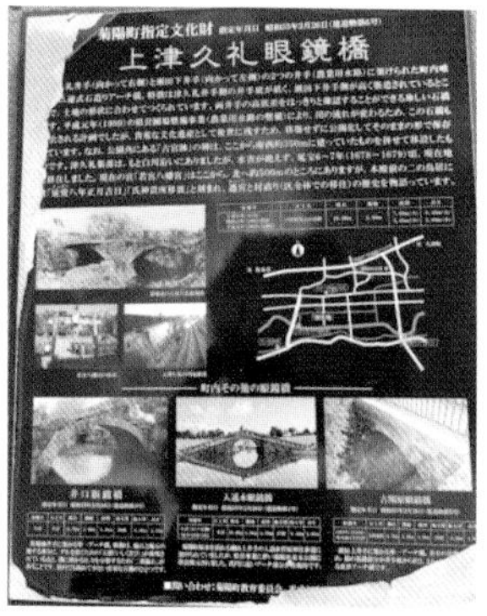

DATA

菊池郡菊陽町津久礼724-1

規模　橋長：16.2m　径間：7.0m、5.65m　幅：2.8m

形式　二連続石造アーチ

石工　治助（戸次村住）

完成　天保９（1838）年、平成元（1989）年に公園化

菊陽町指定の重要文化財

アクセス　熊本市方面から国道57号（東バイパス）を北進し、運動公園入口近くのホテル「火の国ハイツ」の先の歩道橋のある交差点を右折する。県道145号線を３kmほど直進するとＴ字型交差点に至る。この交差点を左折しさらに300mほど先の白川に架かる津白橋を渡ると右方向の田んぼの中に眼鏡橋が見える

周辺観光　味噌醤油資料館（菊陽町原水）
豊後街道杉並木（旧国道57号沿い大津）

20 桑鶴大橋（くわづるおおはし）

阿蘇郡西原村小森

X型の主塔が気になる斜張橋

桑鶴大橋は、南阿蘇方面への交通ルートの要である県道28号線の整備に伴い、阿蘇郡西原村に平成10（1998）年に架橋された。形式は斜張橋であり、主塔がX字形になっている。熊本市内から俵山の方を望むと、このX字形の主塔が確認できるが、風力発電の風車とともに、南阿蘇の大自然の景観を損なうとの声も聞かれる。熊本には斜張橋という形式の橋が少ないとはいえ、わざわざこの地点に景観にそぐわない斜張橋を架ける必然があったのか疑問である。また、X字型の主塔も珍しいが、曲線の桁を吊るための工夫であったのだろうか。

この橋も平成28（2016）年4月の熊本地震で被災

した。被災状況は、主塔部の南側の支承（ししょう）が外れ、東側の橋台部では支承が破壊され転げ落ち、桁部が持ち上がり段差が生じていた。通行止めになり、すぐ横に迂回路を造り、南阿蘇へ通行を可能にしていたが、平成30（2018）年7月に復旧した。

DATA

阿蘇郡西原村小森

規模　橋長：70.0m 幅：10.5m

形式　２径間連続曲線鋼斜張橋

完成　平成10（1998）年

アクセス　県道28号線を阿蘇方面へ向かい、西原村の俵山交流館萌の里より500mほど進むとＸ型の主塔を持つ大きな鋼斜張橋が現れる

周辺観光　俵山周辺公園
物産館「俵山萌の里」（西原村小森）
俵山トンネルを越え南阿蘇方面へ　アスペクタ他

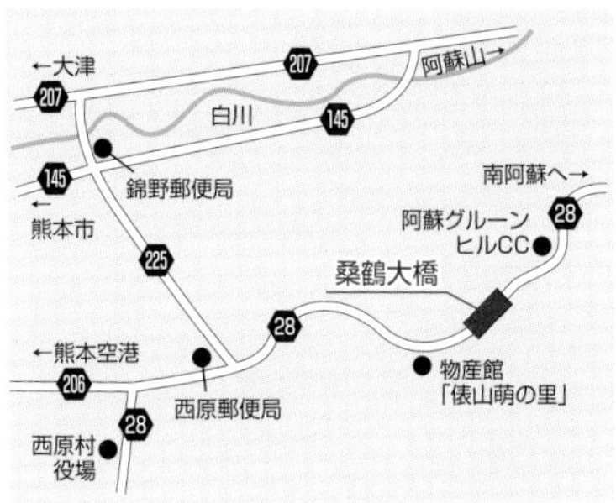

21 立野橋梁

たてのきょうりょう

阿蘇郡南阿蘇村立野

深い谷を横断するトレッスル橋

立野橋梁は、高さ34mの鋼製トレッスル橋脚を3脚有する長さ138.8mの鋼プレートガーダー橋（桁橋）である。トレッスル橋とは、床組みと縦桁とこれを支えるトラス構造の高い橋脚（トレッスル）からなる橋梁で、深い谷を横断する鉄道橋に用いられる。この形式の橋は九州では本橋しかなく、全国的にも珍しい。ＪＲ豊肥線の立野駅を起点とする南阿蘇鉄道。その立野駅を出て約500mで本橋を通過する。さらに1km先の第一白川橋梁の露払いを務める橋である。実際に、この橋が第一白川橋梁の建設のための600トンを超える機材を運んだとのこと。３本のトレッスル橋脚は、深い谷の急斜面に建てられており、残りの橋脚はコンクリートで造られている。鋼材を注意深く観察すると、その一部に八幡製鉄（北九州市戸畑区一帯に展開していた日本一の製鉄所であったが、1970（昭和45）年に富士製鉄と合併し、新日本製鉄(現：日本製鉄)となった会社）の文字がローマ字で確認でき、まさに九州の橋といえる。(土木学会西部支部の九州の近代化遺産の記述より引用)

熊本駅から蒸気機関車“あそBOY”に乗り、立野駅で南阿蘇鉄道に乗り継いで、昭和初期の熊本に想いを馳せながら立野橋梁と第一白川橋梁と二つの橋を越えるというレトロ調の旅も一興であった。乗換駅の立野では、名物のニコニコ饅頭も販売されていた。

立野－高森間の南阿蘇鉄道は、2016（平成28）年４月の熊本地震により被災し、高森に近い区間以外は、本稿執筆時点では運航しておらず、鉄道に乗ってこの橋を渡ることはできない。できるだけ早い復旧を願うばかりである。

写真は、「九州へリテージ　http//kyushu^heritage.jp ゴン太」より転載

DATA

阿蘇郡南阿蘇村立野

規模　橋長：138.8m 最大支間：25.73m×７ 幅：単線

形式　10径間連続鋼鈑桁

完成　大正13（1924）年

施工　当時の鉄道省直轄

選奨土木遺産　2015年度(平成27年度)

アクセス　国道57号を阿蘇に向かい、旧立野小学校を過ぎてすぐの交差点を右折して、県道174号線に入り、立野ダム展望台から見える

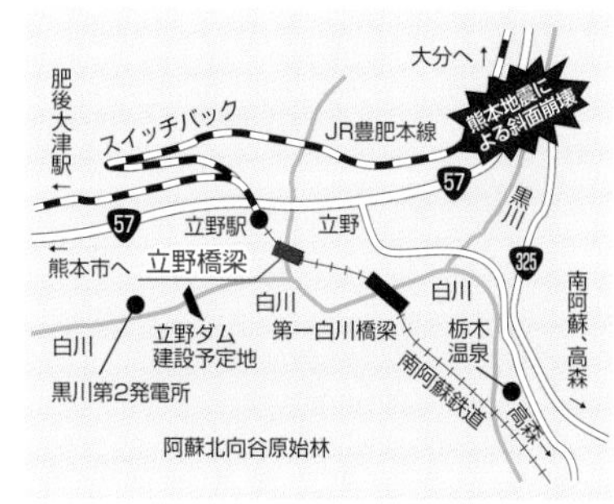

22 第一白川橋梁

だいいちしらかわきょうりょう

阿蘇郡南阿蘇村立野

阿蘇のトロッコ列車が走っていた橋梁

第一白川橋梁は鋼アーチ橋で、昭和2年当時として記録づくめの橋であった。先ず日本最初の鋼鉄道橋である。土木学会誌昭和3（1928）年4月号によれば「側径間は足場上に於いて組み立てを行ひ、中央径間は露出組立てを行へり」とある。つまり、橋の両側は谷の斜面に組まれた足場の上で架設する。中央部は足場を用いずに、両側から釣竿を伸ばすように跳ね出していき、中央で閉合する。この工法は現在「張り出し工法」と呼ばれているが、わが国で最初に用いられたのが本橋である。

当時はまだ部材同士を繋ぐのに溶接は用いられず、約4万本のリベット（鉄の鋲）で部材同士が接合されている。水面からレール面までの高さ約62m（当時日本一）は、本州四国連絡橋の瀬戸大橋の高さも凌いでおり、直轄工事を行った昭和初期の国鉄技術陣の意気込みが伝わってくる。南阿蘇鉄道を利用すると、電車は橋の上で徐行または一時停止する便やトロッコ列車もある。眼下には白川の清流が一望でき、阿蘇観光の見所の一つとなっていた。

ところが、平成28（2016）年４月の熊本地震により被災し、橋台や橋脚の移動、部材の破断や変形といった甚大な損傷を受け、鉄道に乗ってこの橋を渡ることはできなくなった。しばらく復旧のめどが立たなかったが、概算費用約40億円を投じて架け替え工事が行われることになった。現在、令和４（2022）年度の完成を目指して、作業が進められている。前ページ写真の上部にある青い部分は工事中の覆いである。また、この橋の下流に白川の治水のための穴あきダムが計画されており、著者（﨑元）は、このダムが完成して湛水したときの影響について意見を求められたが、洪水時に橋脚のコンクリート部分が水につかる程度であるので、大きく影響しないと回答した記憶がある。

このページの写真は、「土木学会選奨土木遺産・土木学会委員会サイト」より、転載させていただいた。

DATA

阿蘇郡南阿蘇村立野

規模　橋長：166.3m 支間：30.48m＋91.44m＋30.48m
幅：単線

形式　鋼２ヒンジスパンドレル
ブレーストバランストアーチ

施工　当時の鉄道省直轄、大阪汽車製造㈱

完成　昭和２（1927）年

アクセス　国道57号を阿蘇に向かい、立野の交差点（信号あり）を右折し、阿蘇長陽大橋を渡る手前の道を右折して、谷の方に進むと見える

周辺観光　道の駅「あそ望の郷くぎの」（南阿蘇村久石2807）
南阿蘇鉄道（高森～中松間運行）他

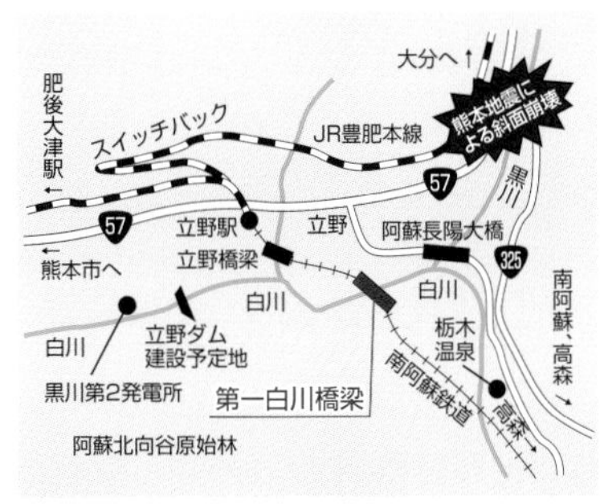

23 阿蘇長陽大橋

あそちょうようおおはし

阿蘇郡南阿蘇村河陽

南阿蘇への近道

白川と黒川が合流する地点のやや下流側に、白川による洪水被害を防ぐ治水目的のダムとして、立野ダムが計画された。ダム本体工事に際して、必要な資材や本体基礎掘削で発生した土砂を運ぶ道路として、立野ダム工事用道路の第２工区が建設され、その道路が黒川を跨ぐところに阿蘇長陽大橋が架設された。開通は平成９（1997）年3月である。

もともとこの付近には、渓谷に降りたところにある橋で川を渡り、再び登るつづら折りの坂道である旧道が存在していたが、この橋の開通により、渓谷に降りることなく容易に横断することができるようになったため、旧道は閉鎖された。以来、阿蘇長陽大橋は、熊本県南阿蘇村立野の国道57号と同村中心部を通る国道325号を結ぶ村道栃の木―立野線、約３kmの一部として、地域の生活･観光に利用されていた。平成28（2016）年の熊本地震の際は、橋そのものは崩落しなかったが西側の橋台が崩落したり、東側の橋台が水平移動したりするなど被害を受けた。さらに、長陽大橋前後の道路も被害を受けて、橋に接近すること自体が困難となった。同時にこの地震により、阿蘇長陽大橋より約1キロメートル上流に架かる国道325号の阿蘇大橋も、落橋した。この２本の橋の被災により、南阿蘇村内の立野地区から村役場まで、俵山トンネルを経由する大迂回を強いられることになった。その後、大規模災害復興法に基づき、国が代行事業として災害復旧を進めることになり、橋の前後の崩落区間の復旧工事が進められ、平成29（2017）年8月に再開通した。

橋の脇に公園が設置されているが、そこには、平成17（2005）年1月に、長陽村が合併して南阿蘇村となることを記念し、与謝野鉄幹・晶子夫妻の歌碑が設置されている。

DATA

阿蘇郡南阿蘇村河陽

規模　橋長：276.0m 最大支間：91.0m 幅：8.5m

形式　ＰＣ４径間連続ラーメン箱桁橋

完成　平成９（1997）年　平成29（2017）年再開通

アクセス　国道57号を阿蘇に向かい、立野で右折し南阿蘇へ向かう途中黒川を渡る橋

周辺観光　道の駅「あそ望の郷くぎの」（南阿蘇村久石2807）
南阿蘇鉄道（高森〜中松間運行）他

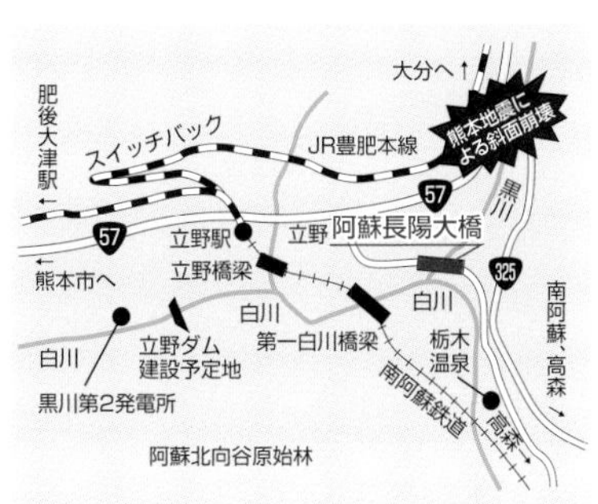

24 阿蘇大橋（あそおおはし）・新阿蘇大橋（しんあそおおはし）

阿蘇郡南阿蘇村
立野ー河陽

黒川を渡る南阿蘇への玄関橋

その昔、阿蘇の火口原に水がたまり、大きな湖になっていた頃のこと。高千穂から阿蘇谷に向かってこられた阿蘇大明神（健磐龍命・タケイワタツノミコト）は、満々と水をたたえた阿蘇谷をご覧になり、「この湖水を干せば良田となろう」と考えられた。

そこで、外輪山を見渡し、弱そうな所を見つけ、そこを「エイッ！」と一蹴りされると、山はひとたまりもなく壊れ、湖水がゴウゴウとすさまじい音を立てながら流れ出た。そこが、立野火口瀬といわれるところで、今も阿蘇谷（中央火口丘北側の火口原）から流れる黒川、南郷谷（同、南側の火口原）から流れる白川がここで合流し、熊本平野を潤しながら有明海へと注いでいる。

阿蘇の玄関口であり、交通の要衝でもある立野火口瀬のランドマークとして存在し“阿蘇の赤橋”と呼ばれた阿蘇大橋は、深さ76mの黒川渓谷に架かり、橋全体がトラス状のアーチ橋であった。国道57号から分岐し南郷谷（南阿蘇村・高森町）へ至る国道325号バイパスの一部として昭和44（1969）年9月に着工、昭和45年12月に完成した。

川底までの高さが76mということもあって、自殺の名所ともいわれた。その対策として、高欄の外に高いフェンスを設け、さらに、周辺環境との調和も考えて、落ち着きのあるグレー系への塗り替え工事が行われ赤橋ではなくなった。

平成28（2016）年４月の熊本地震では、震源が阿蘇の方へも移動したが、その際、阿蘇大橋の国道57号側の山が大規模に崩れ、橋も橋台を残して落ちてしまった。橋を渡ったところには、東海大学九州キャンパスの農学部があった。この土砂崩れに巻き込まれ、車を運転していた学生が１人亡くなっている。

「赤橋」と呼ばれていた頃の阿蘇大橋

熊本地震で崩落する前の阿蘇大橋

その後、復旧計画が検討され、国が旧橋の下流600m程度のところにプレストレストコンクリート３径間連続ラーメン箱桁橋を主たる構造とする新阿蘇大橋を建設し、令和３（2021）年３月に待望の開通となった。

新阿蘇大橋（上・左・右）

DATA

阿蘇郡南阿蘇村　立野―河陽

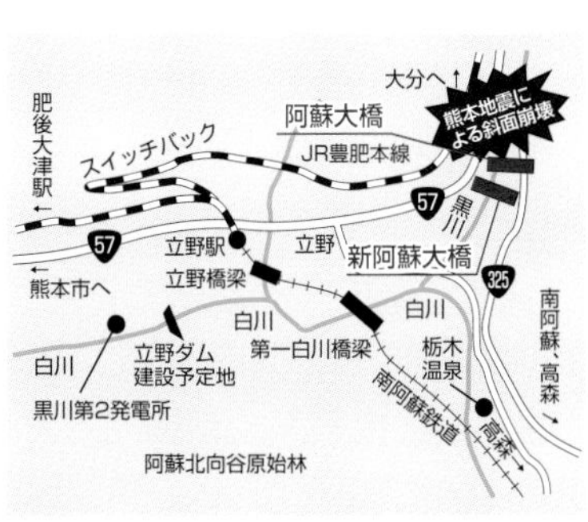

阿蘇大橋

規模　橋長：205.9m 支間：132.2m 幅：8.8m

形式　鋼逆ランガー

完成　昭和45（1970）年

新阿蘇大橋

規模　橋長：525.0m（115.0m＋65.0m＋345.0m）
最大径間：165.0m
幅：9.0m（車道7.0m＋歩道2.0m）

形式　鋼３径間連続鈑桁橋＋鋼単純箱桁橋＋ＰＣ３径間連続ラーメン橋

完成　令和３（2021）年３月

アクセス　熊本方面から国道57号を大分に向かい、立野火口瀬を通過して、国道325号にはいり、黒川を渡る地点。熊本市内から35km、約50分

25 橋場橋（はしばはし）

阿蘇郡南阿蘇村 河陽―立野

石造アーチの後継、リングアーチ橋

戦後の昭和20年代後半から30年頃にかけて、コンクリートアーチ建設がピーク期を迎えた。その中で最も多く採用された形式がリングアーチ橋である（14 寺小野橋の解説参照）。

その時期に建設されたコンクリートリングアーチ橋の一つとして、橋場橋がある。この橋は、昭和30（1955）年の建設であるから、阿蘇大橋も阿蘇長陽大橋も無い時代で、当時の阿蘇登山や観光ルートで立野側から黒川を渡る重要な橋であった。先に、県下で最も古い石橋と紹介した洞口橋（とうぐうきょう）について、阿蘇の眼鏡橋を架ける際に試作した橋と紹介したが、その阿蘇の橋とは、現在の橋場橋の位置に架かっていた黒川眼鏡橋のことである。黒川眼鏡橋は、昭和28（1953）年の洪水によって流失したため、急遽復旧されたものが現在の橋場橋である。

DATA

阿蘇郡南阿蘇村 河陽―立野

規模 橋長：32.5m 支間：31.0m 幅：4.5m

形式 鉄筋コンクリートリングアーチ橋

完成 昭和30（1955）年

アクセス 東海大学阿蘇校舎の西側にあり、数鹿流ヶ滝（すがるがたき）のすぐ上流の小道が黒川を渡る橋。平成28年の熊本地震被害復旧工事等のため現在は立ち入り禁止になっている（令和２年時点）

26 跡ヶ瀬大橋

阿蘇市跡ヶ瀬

将来性にチャレンジする新形式橋梁

跡ヶ瀬大橋は、阿蘇市のごみ処理施設「大阿蘇環境センター未来館」の入り口前の黒川を渡る橋で、一見何の変哲もない普通のコンクリート橋に見える。しかし、技術的には画期的なもので、著者の崎元も開発に加わったので、少し専門的になるが説明を加えたい。

一言でいえば、従来プレストレストコンクリートの単純桁の橋の場合、50mを一跨ぎすることはできなかったのだが、この橋の形式「ＳＰＣ橋（スチールプレストレストコンクリート合成桁橋）」の開発で可能にしたのである。

もう少し詳しく説明する。桁は、自分の重さとトラックなどの上からの荷重（力）を受けて曲がる時、上側が圧縮され下側が引っ張られる。コンクリートを用いる場合、コンクリートは引っ張りに抵抗できないので、引っ張りに強い鉄筋を入れたものが鉄筋コンクリート構造である。

一方、ピアノ線で桁の長さ方向に締め付けて、あらかじめ圧縮力を加えておき（プレストレスを与える）、曲げられるときの引っ張り力を打ち消すものをプレストレストコンクリート構造という（橋の予備知識での説明参照）。長い距離をまたぐ桁橋では大きな曲げ力、すなわち大きな引っ張り力を下側に受けるが、これを打ち消すために大きなプレストレスを加えようとすると上側の圧縮部分の断面積が不足するので鉄骨を長さ方向に配置したものがSPC橋である。これは、㈱黒沢建設と㈱シビコンが共同開発した特許工法で、崎元は熊本大学時代に、実物大模型にトラックの重さに相当する力を300万回作用させて（疲労試験という）、この橋の安全性を確認した。自分の重さで生じる桁の下側の引っ張り力を打ち消すためのプレストレスを導入するピアノ線は、桁の内部に設置されており（インナーケーブルという）完成後は見ることができないが、トラックの重さなど外からの荷重（活荷重という）による引っ張り力は、桁の外側に見える黒いパイプの中にあるピアノ線を緊張することにより打ち消して耐えている。

平成28（2016）年４月の熊本地震で阿蘇地域も大きな被害を受けたが、本橋は無損傷であった。この形式と「KTB工法」について、ベトナム橋梁・道路技術協会（VIBRA＝Vietnam Bridge & Road Association）のDUC会長が興味を示し来熊しており、技術供与をすることになっている。執筆時点で、両国で技術委員会を設置し、設計・製作の示方書が完成しているので、近い将来ベトナムに実橋が建設されることを期待している。

DATA

阿蘇市跡ヶ瀬177

規模　橋長：52.1m　支間：51.0m　幅：9.5m

形式　ＳＰＣ橋

完成　平成14（2002）年６月

アクセス　国道57号赤水交差点より県道149号線に入り、しばらくして右折、左にある大阿蘇環境センターの入り口道路が黒川を渡る橋

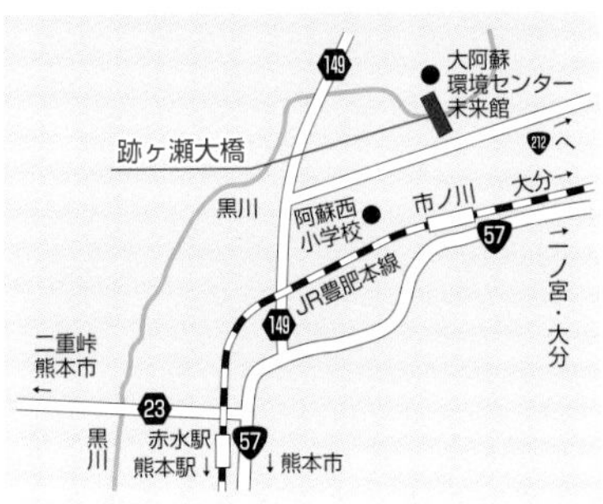

27 廣平橋梁〜幸野川橋梁

阿蘇郡小国町
西里・北里・宮原

山里に取り残された七つの旧鉄道橋

旧国鉄宮原線は、大分県玖珠郡九重町の恵良駅（久大本線）から分岐し、熊本県阿蘇郡小国町の肥後小国駅まで26.6kmを結んでいた。昭和10（1935）年に着工し、昭和12（1937）年に恵良―宝泉寺間が開業したが、太平洋戦争激化にともない、昭和18（1943）年に休止した。戦後の昭和23（1948）年に復活し、昭和29（1954）年に肥後小国まで延伸された。農林資源の開発や観光路線として期待されたが、モータリゼーションなどの影響を受けて利用は振るわず、昭和59（1984）年に全線廃止された。この宮原線跡地（熊本・大分県境から旧肥後小国駅間）には、廣平橋梁、菅迫橋梁、堀田橋梁、汐井川橋梁、堂山橋梁、北里橋梁、幸野川橋梁の七つのコンクリートアーチ橋が残っており、全7橋が2004年に国の登録有形文化財に認定されている。これらの橋梁の築造当時は太平洋戦争直前で鉄不足のため、いくつかの橋梁に鉄筋の代わりに竹が使われたとの説もあるが、確認はされていない。これらの橋は、この地域の林業や人の往来に重要な役割を果たし、当時の繁栄に貢献した歴史的鉄道橋であり、後世に残したい橋梁群である。

廣平橋梁　小国町内で最も大分県寄りにある径間7.0m、9連続アーチの曲線橋である（写真1、2）。

写真1

写真2

菅迫橋梁　11径間連続アーチで、橋長136.3mは群中最長で、橋脚高さも最大で約20mあり、これも群中最高である。ただ、杉林に囲まれたくぼ地に建設されており、アクセスが難しく、写真撮影も難しい（写真3）。

写真3

写真4

写真5

堀田橋梁　5径間連続アーチであったが、道路を跨ぐ部分のアーチは現在撤去されている（写真4、5）。

写真6

汐井川橋梁　3径間連続アーチで塩井川を渡っている（写真6、7、8）。

写真7

写真8

堂山橋梁　3径間連続アーチで、山川温泉への道と北里川を跨いでいる（写真9、10、11）。

写真9

写真10

写真11

北里橋梁　5径間連続アーチで、下には県道318号線が通っており、近くにある研修交流施設「学びやの里 木魂館」へのアプローチとなる歩道橋として再利用されている（写真12、13、14）。

写真12

写真13

写真14

幸野川橋梁　橋長112mの6径間連続アーチで、縦木川を渡っている。6径間の内の4径間は径間長が20mで、群内では最大であり迫力がある。

橋脚上部のアーチ側壁部に小アーチを組み合わせた装飾と考えられるデザインが施されており、軽快な景観を演出しているのが特徴である（写真15、16、17、18）。

この橋と肥後小国駅との間に、もう1橋、田原川橋梁が建造されていたが、国道バイパス建設の際、昭和62（1987）年に解体されている。

写真15

写真17

写真16

写真18

DATA

廣平橋梁 阿蘇郡小国町西里字中尾

規模 橋長：80.3m 径間：7.0m×９ 幅：3.2m

形式 無筋コンクリート充腹９連続アーチ橋

完成 昭和12（1937）年

アクセス 国道387号を北上、北里七曲トンネルを過ぎて、「岡本豆腐店」の案内にしたがって右折。岡本豆腐店の手前左の小道を上って行く。分かりにくいので、「岡本豆腐店」で、橋へのアクセスを尋ねると教えてもらえる

菅迫橋梁 阿蘇郡小国町北里字大平

規模 橋長：136.3m 径間：10.0m×11 幅：3.0m

形式 無筋コンクリート充腹11連続アーチ橋

完成 昭和12（1937）年

アクセス 国道387号の山川温泉入り口の分岐点からさらに400m程度進んだ所。堀田橋梁の延長線上の杉林の谷に架かる

堀田橋梁 阿蘇郡小国町北里字堀川

規模 橋長：58.9m 径間：10.0m×４ 幅：3.0m

形式 無筋コンクリート充腹４連続アーチ橋

完成 昭和13（1938）年頃

アクセス 国道387号の山川温泉入り口の分岐点からさらに200m程度進んだ所。赤水川橋を渡る手前の小さな道へ右折して約200m

汐井川橋梁 阿蘇郡小国町北里字塩井川

規模 橋長：36.0m 径間：10.0m×３ 幅：3.0m

形式 無筋コンクリート充腹３連続アーチ橋

完成 昭和13（1938）年頃

アクセス 国道387号の山川温泉入り口の三差路を右折して約500m、新塩井川橋を渡る手前の小道の先に見える

堂山橋梁　阿蘇郡小国町北里字塩井川

規模　橋長：36.0m 径間：10.0m×３ 幅：3.0m

形式　無筋コンクリート充腹３連続アーチ橋

完成　昭和13（1938）年頃

アクセス　国道387号の山川温泉入り口の三差路を右折して約500m、新塩井川橋を渡りすぐ右の「ホタルの里温泉」の建物と駐車場の先にある

北里橋梁　阿蘇郡小国町北里字北里

規模　橋長：60.0m 径間：10.0m×５ 幅：3.0m

形式　無筋コンクリート充腹５連続アーチ橋

完成　昭和13（1938）年頃

アクセス　国道387号で木魂館を過ぎると左下に見える。すぐ右には県道318号線を宮原への案内があるので、右折し、ループを描いて北里橋梁の下をくぐる。またはまっすぐ50m進んだ左に「宝処三昧」という蕎麦屋があり、その駐車場に車を停め、蕎麦屋の建物の左を行けば、橋の上の遊歩道へ。建物の右の道を下れば、橋のたもとにゆく

幸野川橋梁　阿蘇郡小国町宮原字西村

規模　橋長：115.5m 径間：20.0m×４＋10.0m×２ 幅：3.5m

形式　無筋コンクリート充腹６連続アーチ橋

完成　昭和14（1939）年頃

アクセス　国道387号を北上、「学びやの里 木魂館」から県道318号線に入り約２kmで橋の下へ

国登録有形文化財　（全７橋が2004年に認定）

参考文献：戸塚誠司、小林一郎「熊本県における歴史コンクリートアーチ橋の評価」土木史研究第６号 1996年6月 p71～75

周辺観光　わいた温泉　山川温泉　岡本とうふ店

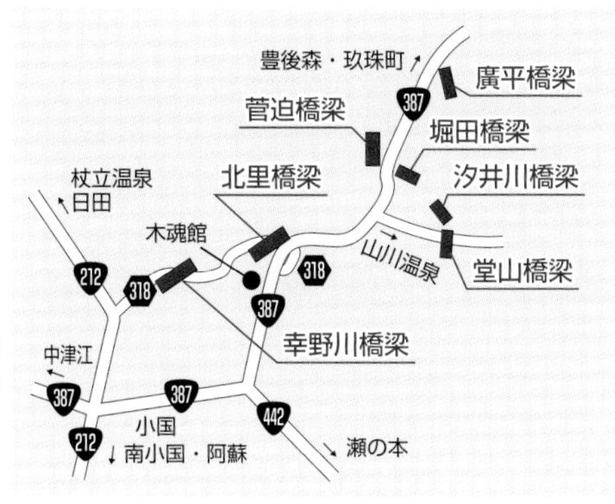

28 杖立橋（つえたてはし）

阿蘇郡小国町下城字湯鶴杖立

杖立川に架かるアートポリスの橋

杖立橋は、小国町の奥座敷、杖立温泉街の杖立川に架けられている。設計は、新井清一+シダ橋梁設計センターで熊本県が実施したアートポリス事業の一つとしてPホールという多目的ホールと一体的に造られた橋である。

したがって、同川に架橋されている木橋と趣が異なり、周りの風景に溶け込むというより、建築家が設計した橋らしく自己主張が強い、との声も聞かれている。

しかしながら夜になると温泉街のほのかな灯りとマッチして、昼とはひと味違う趣が見られる。

〈参考〉くまもとアートポリス事業：環境デザインに対する関心を高め、都市文化ならびに建設文化の向上を図るとともに、文化情報発信地としての熊本を目指し、後世に残る文化的資産を創造するため熊本県が昭和63（1988）年から推進してきた事業。具体的には、コミッショナーが国の内外から推薦した設計者を参加事業主に紹介する「プロジェクト事業」などを実施し、デザイン性の強い建造物が造られてきた。建築物が主たる対象であったが、途中から土木の橋も含めることになり、著著（﨑元）は、橋についてのアドバイザーを務めた。また、平成７年から「くまもとアートポリス推進賞」などの表彰（顕彰事業）を行っている。

DATA

阿蘇郡小国町下城字湯鶴杖立

規模　橋長：53.5m　幅：3.2m

形式　２径間連続鋼斜張橋

完成　平成８（1996）年３月

アクセス　小国から国道212号を北上、杖立トンネルへ入る手前を右折して杖立川を渡り左折、温泉街に入ってすぐに左折。河原に無料駐車場がある

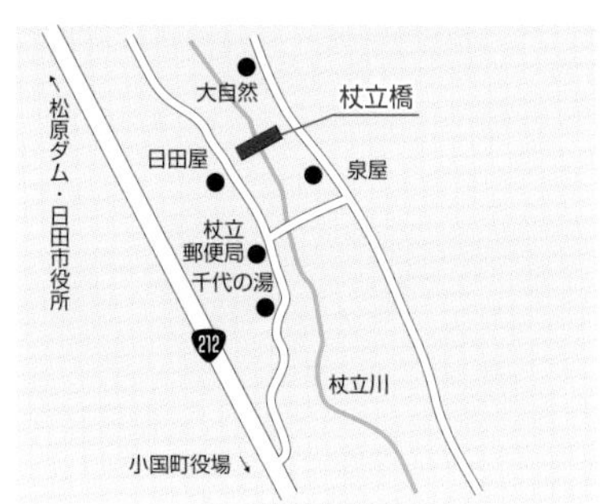

29 ヒゴタイ大橋（ひごたいおおはし）

阿蘇郡産山村山鹿

深山のダム湖を渡るアーチ橋

この橋は、大蘇ダムのダム湖を渡る橋で、上路式コンクリート固定アーチ（リングアーチ）の構造となっている。湖面から橋までの高さは74m、橋長200m、幅9.5mで橋からの眺めは抜群である。橋名は、産山村の村花ヒゴタイ（るり色の丸い可憐な花）からつけられている。近くには「ヒゴタイ公園」や「山吹水源」、棚田で有名な「扇田」など見所が多い。橋際に駐車スペース・休憩所がある。

産山村の村花「ヒゴタイの花」

DATA

阿蘇郡産山村山鹿

規模 橋長：200.0m 支間：135.0m 幅：9.5m（車道6.5m＋歩道2.0m）水面からの高さ：74.0m

形式 上路式コンクリート固定アーチ

完成 平成15（2003）年

アクセス 国道57号を東進し、道の駅「波野 神楽苑」を過ぎた次の交差点を左折して、県道40号線に入り北上。ゴルフ場を過ぎて1km先の道を左折して、うぶやま牧場を右に見る道へ。うぶやま牧場（風力発電の風車が目印）からやまなみハイウエーへ通じる道が大蘇ダムを渡る橋

周辺観光 池山水源（産山村田尻14-1）他

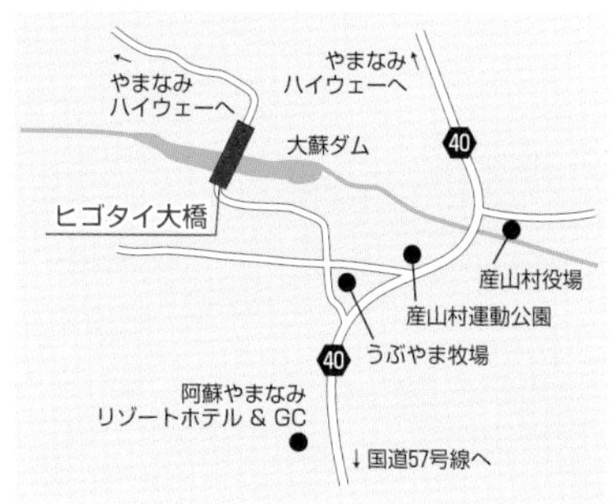

30 阿蘇望橋（あそぼうばし）

阿蘇市波野波野

熊本版マディソン郡の橋

阿蘇望橋は、阿蘇市波野の林道に架けられた屋根付き木造ラチストラス橋、２車線の車道橋となっている。路面は、アスファルト舗装で、上弦材、斜材、床版には地元のスギ、ヒノキの集成材を、下弦には鋼材を使用した構造となっている（したがって、純粋な木橋ではない）。熊本版「マディソン郡の橋」として、地域観光の目玉となるようにという意図が感じられるが、所在地を案内するのが難しい。

〈参考〉 映画「マディソン郡の橋」（1995年、アメリカ）：アイオワ州マディソン郡にある屋根付き木橋（ローズマン・ブリッジ）のフォトエッセイを書くためにやってきた写真家（ロバート）と橋の近くに住む孤独な既婚女性（フランチェスカ）との４日間の不倫の恋物語。二人は結局別れることになるが、ロバートの死後、彼がローズマン・ブリッジに散骨されたことを知ったフランチェスカは自分もローズマン・ブリッジに散骨してほしいという遺言を残して亡くなる。

DATA

阿蘇市波野波野

規模 橋長：41.0m 支間：39.9m 幅：7.0m

形式 鋼で補強した木造トラス橋

完成 平成11（1999）年

アクセス 国道57号沿いにある道の駅「波野」を過ぎてすぐ、笹倉の信号を右折、波野中江へ向かう道を進むこと約３km

周辺観光 道の駅「波野」（波野大字小池野1602）

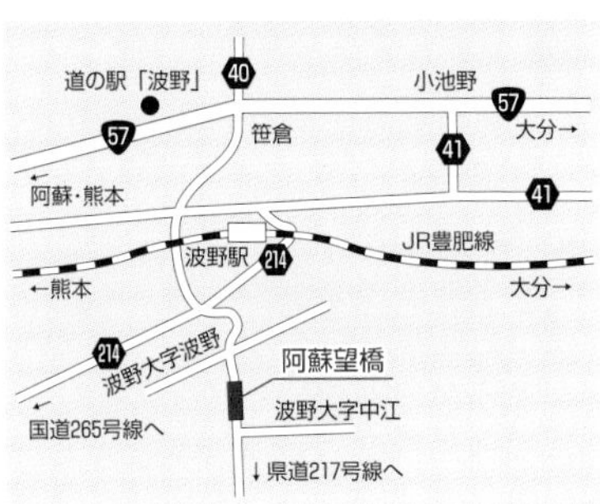

31 奥阿蘇大橋（おくあそおおはし）

阿蘇郡高森町
（上益城郡山都町との町境）

川走川渓谷に架かる鋼ブレースドリブアーチ橋

阿蘇地方は、外輪山に囲まれたカルデラ地帯で渓谷や大小の河川が存在し多くの橋梁がある。奥阿蘇大橋は、熊本県の高森から宮崎県の高千穂に向かう国道325号の途中、川走川渓谷に平成元（1989）年架橋された。橋長360m、支間210m の上路式鋼ブレースドリブアーチ橋という形式であり、同じ形式である長崎の西海橋（支間216m）に次ぐ大規模な橋である。九州では初めて、全面的に耐候性鋼材を無塗装で使用したのが特長である。

耐候性鋼材というのは、製鋼のときに成分を調整することにより、自然環境の中で、赤さびのように内部に進行するさびではなく、安定的なさびを発生するように開発された鋼材で、赤さびを防ぐためのペンキを塗装する必要が無い。初期の材料費は通常の鋼の2割程度高いが、7～10年に一度、塗装を繰り返さなければならない費用が節約できるので、橋の生涯にわたってのコストは安くなる。特に、この橋のように塗装のための足場が組みにくい深い

峡谷にかかる橋には、うってつけである。

架橋により、高森から高千穂に向かう際は、山都町馬見原からの国道218号経由より近くなり、また風光明媚な山並みをドライブできる。上路式であるので、橋に興味のない人は、橋の存在に気付かずに通り過ぎるかもしれないが、橋際には駐車スペースもあるので車を止め、脇からチョコレート色（安定さびの色）の橋体をみてほしい。特に新緑、紅葉時期にはすばらしい大自然を謳歌できるところである。近くには物産館もある。

DATA

阿蘇郡高森町（上益城郡山都町との町境）

規模　橋長：360.0m 支間：210.0m 幅：8.0m

形式　鋼ブレースドリブアーチ

完成　平成元（1989）年

アクセス　熊本から阿蘇へ、南阿蘇村から国道325号へ入り、高森峠を通過し左折して高千穂方面へ約6.5km行くと橋がある

周辺観光　奥阿蘇大橋から高千穂町まで約20km

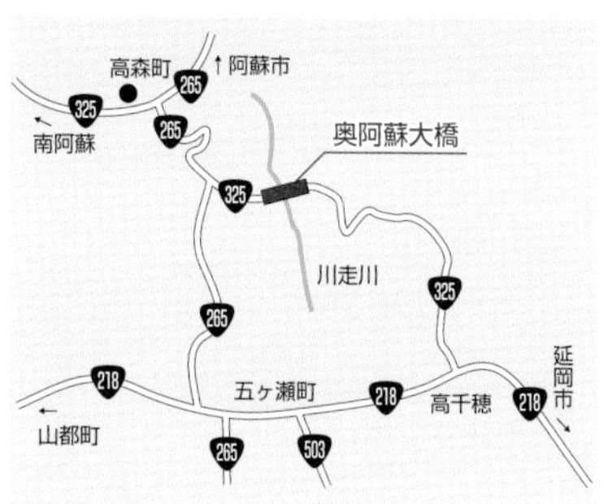

引張力で抵抗して荷重を支える橋の形式

斜張橋

塔から斜めに張ったケーブルによって、桁やトラスを左右のバランスを利用して吊り下げる
桁やトラスの実質の支間を小さくすることができるので、支間を長くすることが可能になる

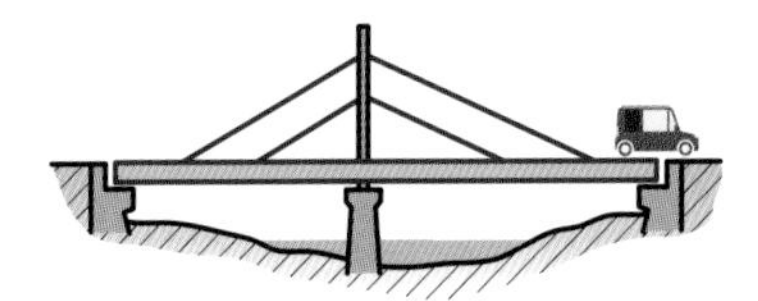

2径間連続（斜張橋）
中央の塔からケーブルで桁を吊る
ヤジロベーのように左右バランスをとる

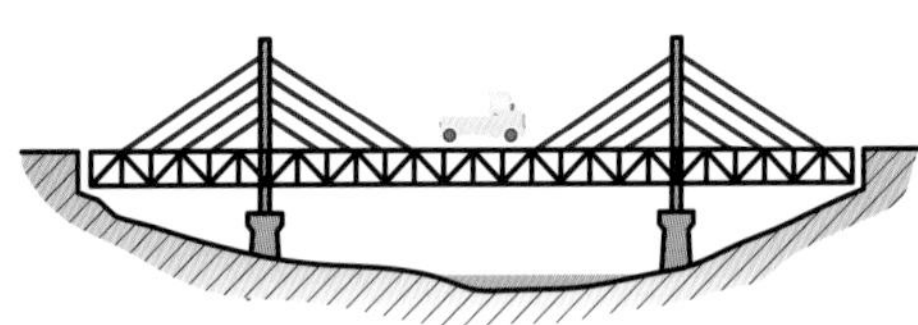

3径間連続（斜張橋）
上記のものを2つ組み合わせたもの
大規模なものは、道路部をトラスとする

吊橋

両端に碇着し、塔で 支えたケーブルに道 路部の桁やトラスを 吊り下げる
ケーブルの引張力で抵抗する支間を一番長くできる形式

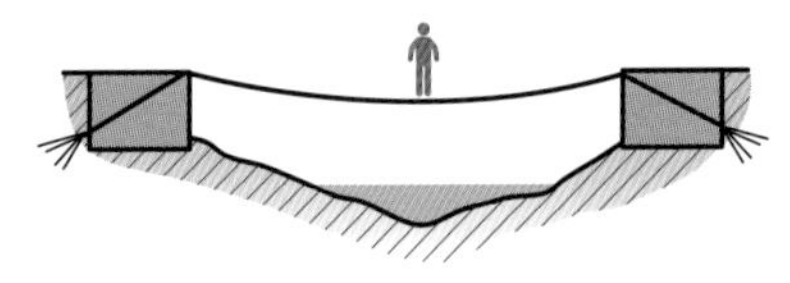

吊床版橋
ケーブルの両端を碇着し、ケーブルをコンクリートで包み込んで、そのまま道路としたもの

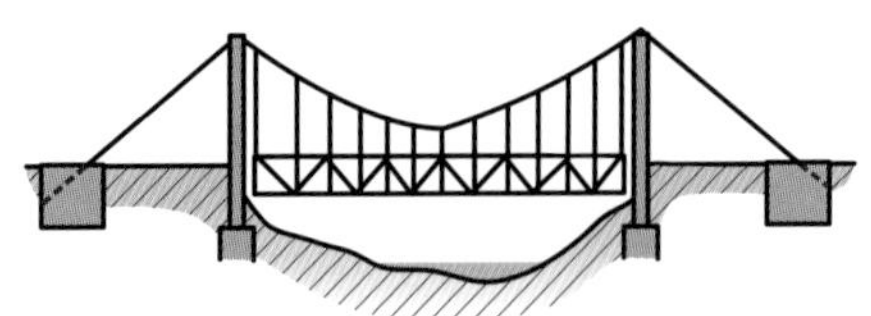

単純吊橋
塔間の道路部のみをケーブルで吊り下げたもの

連続吊橋
連続桁や連続トラスの道路部をケーブルで吊り下げたもの

III. 熊本市内（白川・坪井川）の橋

38 泰平橋

所在地MAP

熊本市内（白川・坪井川）の橋

橋名称の文字色は素材を表わしています。
赤＝鋼　灰＝コンクリート　茶＝石

36. 新堀橋

33. 戸坂橋

熊本城

34. 明八橋

32. 千金甲橋

34. 明十橋

38. 泰平橋

38. 白川橋

37. 西里大橋
303
白川
坪井川
3
36. 磐根橋
44. 第二白川橋
42. 大甲橋
43. 子飼橋
35. 船場橋
40. 銀座橋
41. 安政橋（安巳橋）
28
至健軍・空港
39. 長六橋
45. 水前寺太鼓橋
3

32 千金甲橋（せごんこうばし）

熊本市西区小島

昭和初期には帆かけ舟が通る木造の開閉橋だった

昭和初期の千金甲橋は木造の開閉橋で、第2次大戦前までは、荷物を積んだ帆かけ舟が高橋稲荷前まで坪井川をさかのぼっていた。坪井川下流に架かる最後の橋で、昭和31年にコンクリート橋に架け替えられた。現在の千金甲橋は、熊本～玉名線と熊本港線を結ぶ要所として平成22年に改修されている。

因みに、この橋には「橋名版」がつけられていない。著者（福島）が現地で確認するも、見つからないため周辺の方にお尋ねしたところ「千金甲橋」ですよ、とのこと。なぜ橋名版が無いのかと所轄の機関に問い合わせたところ「省力化？のため取付けていない、明午橋（白川）も無いです」との回答。後日、明午橋を確認したところ橋名版はなかった。近くに、国の史跡に指定されて装飾古墳の千金甲古墳がある。

昔の開閉・千金甲橋

DATA

熊本市西区小島

規模　橋長：76.5m 支間：21.8m＋30.5m＋21.8m
幅：5.75m（車道4.75m）

形式　鋼Ｉ桁橋（単純合成桁）

完成　昭和51（1976）年

改修　第２次大戦までは木橋。昭和31年、コンクリート橋に改修され、その後平成22年に再改修して現橋になる

アクセス　宇土市で国道57号から分岐する国道501号を北上し、白川（小島橋）、坪井川（坪井川橋）を渡り左折し、坪井川沿いを西進し、次に坪井川を渡る橋

周辺観光　千金甲古墳（装飾古墳）
高橋稲荷神社（九州三大稲荷）

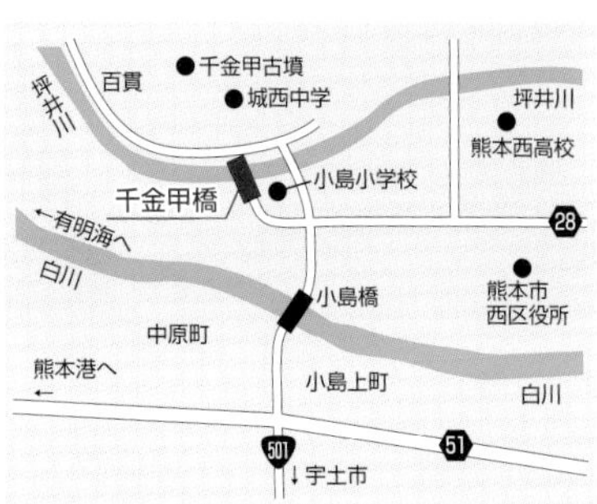

33 戸坂橋（とさかはし）

熊本市西区戸坂町

井芹川に架かるπ型ラーメン橋

井芹川は、鐙田川（あぶみだがわ）（熊本市北区植木町辺田野付近）を源として、同区北部町から井芹川と変わり、花園、島崎、谷尾崎を流れ、上高橋付近で坪井川と合流する。戸坂橋は、この井芹川に戸坂町と谷尾崎を結ぶ橋として架けられている。昭和29（1954）年頃は、コンクリートアーチ橋であったが、平成10（1998）年6月にコンクリートπ形ラーメン形式の橋に架けかえられた。周辺は、熊本西回りバイパスの開通に伴い道路整備等も行われ、戸坂橋も平成12（2000）年再改修された。

昭和29年頃の戸坂橋

DATA

熊本市西区戸坂町

規模　橋長：35.0m 径間：9.6m＋15.7m＋9.6m
幅：13.0m（車道8.0m＋歩道2.5m×２）

形式　プレストレストコンクリート　π型ラーメン

完成　平成10（1998）年

アクセス　西回りバイパスの島崎３丁目の信号から戸坂町の方へ入り、500mで井芹川を渡る橋

周辺観光　戸坂公園（戸坂町2-6）
戸坂八坂神社

34 明八橋と明十橋

めいはちばし　めいじゅうばし

熊本市中央区新町

橋本勘五郎作の城下町の石造アーチ橋

明八橋と明十橋は、いずれも石工の橋本勘五郎が東京の万世橋や浅草橋などを手掛けた後、帰郷し坪井川に架設した単一石造アーチ橋であり、明治8（1875）年と明治10（1877）年に架設された。それぞれの橋名は架設された年にちなんでいる。明八橋は、新町2丁目と西唐人町を結び、明十橋は、明八橋の上流で新町2丁目と鍛冶屋町の間を結んでいる。

明八橋は昭和に入り併設された「新明八橋」に役割を譲り、現在は人と自転車用となっている。周辺は公園化がはかられ、レトロな街灯やベンチ等も整備されている。この二橋の周辺には、鍛冶屋町、唐人町、呉服町、魚屋町、紺屋町など熊本の城下町として栄えた町並みが見られ、未だに橋としての役割を果たし続けている。

明八橋（上・下）

明十橋（上・下）

DATA

明八橋　熊本市中央区新町２丁目

規模　橋長：21.4m　径間：17.0m　幅：7.8m

形式　単一石造アーチ

石工　橋本勘五郎

完成　明治８（1875）年

アクセス　新町から西唐人町へ坪井川を渡る橋

明十橋　熊本市中央区新町２丁目

規模　橋長：22.7m　径間：15.8m　幅：7.9m

形式　単一石造アーチ

石工　橋本勘五郎

完成　明治10（1877）年

アクセス　県道28号線（熊本高森線）で新町から中唐人町へ坪井川を渡る

35 船場橋（熊本市）

せんばばし

熊本市中央区新町

「肥後手まり唄」で歌われる船場橋

この橋は、昭和４（1929）年新町と船場町の間の坪井川に架けられた。形式は鉄筋コンクルート桁で長さ37.1mである。

橋名の由来は、坪井川の船着場であったことや「 肥後手まり唄」に歌われる「あんたがたどこさ　肥後さ　肥後どこさ　熊本さ　熊本どこさ　船場さ」などによると記されている。親柱に狸とエビを象ったモニュメントがある。「船場山には狸がおってさ」（１番の歌詞）の狸と「船場川にはエビさがおってさ」（２番の歌詞）のエビである。近くに船場山と称される山らしきものがあったのであろうが、今は市街化で分からなくなっている。

上流側から見ると、電話線を渡すための薄緑色の鋼桁が見えるので、橋の形式を間違えやすいが、昭和初めに造られたコンクリートラーメン型橋として貴重である。近くの市電の停留所名は洗馬橋となっている。

参考文献：戸塚誠司「熊本県下における近代橋梁の発展史に関する研究」

DATA

熊本市中央区新町２丁目

規模　橋長：37.1m　径間：8.8m＋9.1m＋9.1m＋8.8m
幅：19.9m（車道4.5m×２、歩道2.7m×２、市電5.5m）

形式　鉄筋コンクリート（Ｔ桁）ラーメン橋

完成　昭和４（1929）年

アクセス　熊本市中心部の市電「辛島町電停」前交差点より市電軌道沿いに約300m進む

周辺観光　石橋群（明八橋、明十橋）の他、日本写真界草分けの冨重写真館。いずれも徒歩で南へ約10分

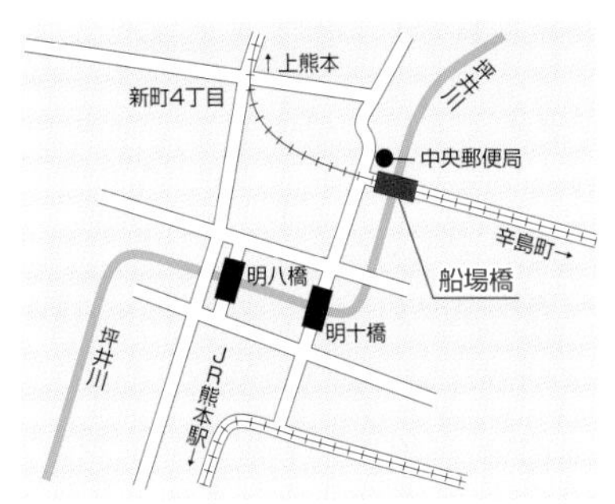

36 新堀橋と磐根橋

熊本市中央区古京町

熊本城と京町台地を結ぶ橋

新堀橋は、熊本城二の丸と豊前街道をつなぐ重要な橋である。南側のお城のある茶臼山と北側の京町台地はもともと地続きだったが、江戸時代初期にこの部分に空堀が掘られ、今の新堀橋の部分だけが豊前・豊後街道の新堀御門に入る道として繋がっていたといわれている。

明治44年にトンネルが掘られて電車が通り、さらに大正12年には完全に掘り切って現在の県道1号線（通称「吾輩通り」）レベルの平坦な道路となった。その際、新堀橋と磐根橋が架けられた。その当時は、どちらも写真のように、コンクリート方杖ラーメン橋で、その下を市電が走っていた。上熊本ー藤崎宮前間を走る電車は昭和45年に廃止になった。また、昭和60（1985）年には、現在のプレストレストコンクリート桁橋に架け替えられ風情がなくなった。

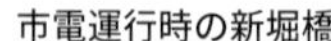

市電運行時の新堀橋

磐根橋は新堀橋と隣り合って、熊本城と京町台地を結ぶ要の橋で、現在の国道3号ができるまではその役割を果たした。大正12（1923）年に架橋された鉄筋コンクリート方杖ラーメン橋と昭和13（1938）年に、プレストレストコンクリート桁橋で拡幅した分とで構成されている。

この橋を補修補強する時に、著者の一人（崎元）が相談を受けた。その時、使用していた鉄筋の一部を提供いただき、強度試験を行ったが、当時の規格以上の強度があったので、大正期の製鉄力に感銘した記憶がある。大正期の鉄筋コンクリート橋として貴重な橋である。

市電運航時の磐根橋

DATA

熊本市中央区古京町

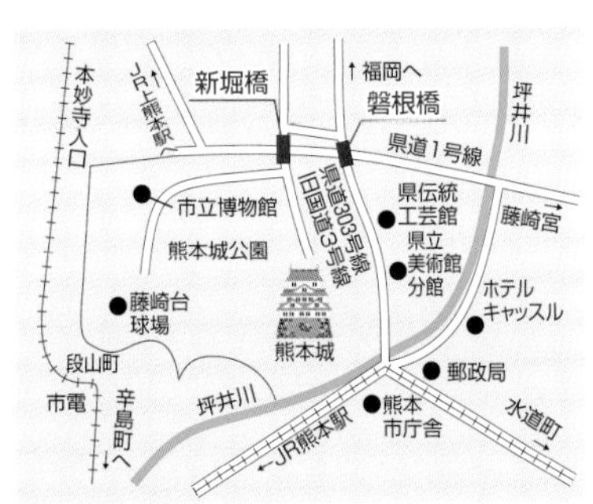

新堀橋

規模　橋長：33.0m　支間：32.9m
幅10.5m（車道6.5m＋歩道2.0m×２）

形式　プレストレストコンクリート単純Ｔ桁

完成　昭和60（1985）年

磐根橋

規模　橋長：33.0m　径間：33.0m
幅：9.2m（車道6.2m＋歩道3.0m）

形式　鉄筋コンクリート方杖ラーメン

完成　大正12（1923）年／拡幅部分　昭和13（1938）年

アクセス　熊本市役所横から県道303号線（旧国道３号）を京町方面へ北上し、新堀町バス停手前の磐根橋を渡ると西側に並行して架けられている新堀橋が見える

周辺観光　熊本城跡　細川刑部邸（ぎょうぶてい）

37 西里大橋（にしざとおおはし）

熊本市北区硯川町

西里の谷を渡る929mの自動車専用道

西里大橋は、熊本西環状道路の和泉（いずみ）ＩＣと下硯川（しもすずりかわ）ＩＣ間にある高架橋で、ＪＲ鹿児島本線、主要地方道熊本田原坂線を跨ぐ、橋長929m、計18径間のプレストレストコンクリート（ＰＣ）橋です。中央部（７径間）は、連続ラーメン箱桁で、橋脚を先に造り、両側にバランスを取りながら桁を伸ばしていく片持ち架設工法（やじろべえ工法ともいう）で施工している。天草五橋の３号橋、４号橋と同じ形式、同じ工法の橋である。

この工法によるとコンクリート打設のための型枠を組むための足場を作る必要がないので足場を作るのが難しい架橋地点によく用いられる。両端部（和泉ＩＣ側６径間と下硯川側５径間）は、連結ポストテンション工法（あらかじめ造った40m程度の桁をピアノ線で長さ方向に締め付けてつなぐプレストレストコンクリートの工法）により制作された。熊本西環状道路は、北区下硯川町と南区砂原町を結ぶ延長12kmの道路で、６カ所のインターチェンジから出入りを行う自動車専用道路で、平成29（2017）年3月に下硯川ＩＣ～花園ＩＣ間約４kmが開通した。

この部分開通によって、周辺の幹線道路では１割程度の交通量減少があったとともに、熊本市北部方面から熊本市役所までの移動時間が約９分短縮されたといわれている。熊本西環状線は国道３号北バイパス、国道57号東バイパスと連結され熊本市の外環状道路を形成し、交通混雑の緩和や安全性・走行性の向上、災害時の代替機能強化等により地域の発展に貢献することが期待されている。

写真は、熊本市提供

DATA

熊本市北区硯川町

規模　橋長：929.0m（261.0m＋460.0m＋208.0m）
最大支間：72.0m　幅：9.5m　橋脚の高さ：36.0m

形式　ＰＣ６径間連結ポストテンション少主桁（261.0m）
ＰＣ７径間連続ラーメン箱桁（460.0m）
ＰＣ５径間連結ポストテンション少主桁（208.0m）

完成　平成29（2017）年３月

アクセス　国道３号の北部消防入口信号から西へ分岐して、熊本西環状道路に入り１kmで橋を渡る。橋の全景は、熊本保健科学大学の北側からよく見える

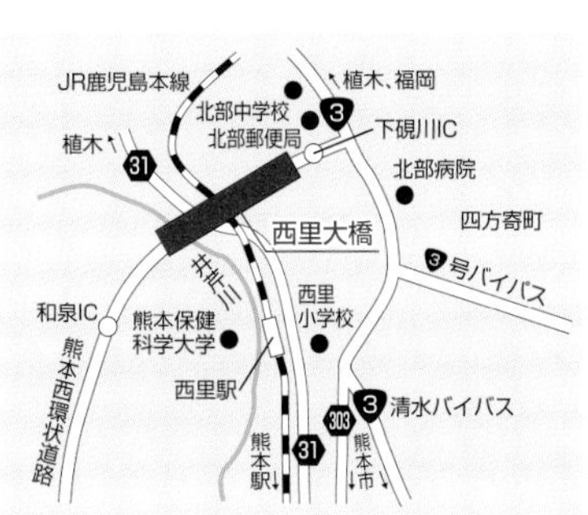

38 白川橋と泰平橋

しらかわばし　たいへいばし

熊本市西区二本木
熊本市中央区紺屋阿弥陀寺町

鋼ローゼ桁の兄弟橋

白川橋は、熊本の陸の玄関口ＪＲ熊本駅の正面で白川を渡る橋である。すぐ上流に架かる泰平橋と同じく鋼ローゼ桁橋という形式で、共に昭和35（1960）年に架設された兄弟橋である。白川橋は通称産業道路の始点に位置し、産業道路は国体道路を経由して阿蘇に通じる。泰平橋は、新町・唐人町・紺屋阿弥陀寺町を経て本山方面の地方道（通称産業道路）に至る橋として、重要な役割を果たしている。

白川橋（上・左下・右下）

景観整備による歩道

泰平橋（上・左下・右下）

DATA

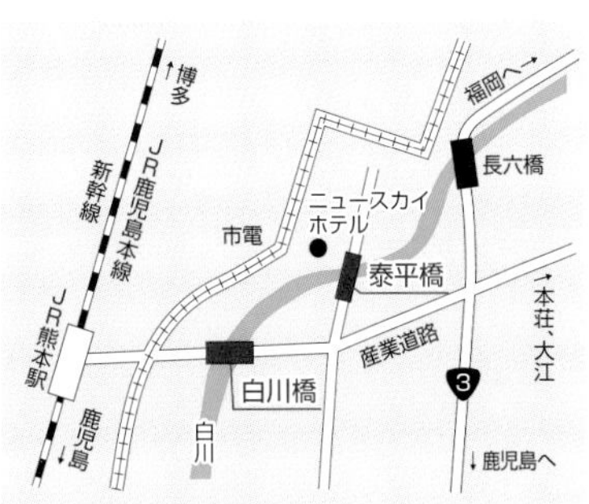

白川橋　熊本市西区二本木

規模　橋長：148.7m　最大支間：68.0m　幅：20.0m

形式　鋼ローゼ桁橋＋プレストレストコンクリート桁二連

完成　昭和35（1960）年

景観整備（アートポリス事業）　平成４（1992）年

泰平橋　熊本市中央区紺屋阿弥陀寺町

規模　橋長：144.7m　最大支間：76.4m　幅：10.0m

形式　鋼ローゼ桁橋＋プレストレストコンクリート桁二連

完成　昭和35（1960）年

アクセス　ＪＲ熊本駅白川口から歩いて５分で白川橋。泰平橋はそこから上流に見える。歩いて10分

周辺観光　北岡自然公園
くまもと春の植木市（橋下流河川敷２月～３月）

39 長六橋

ちょうろくばし

熊本市中央区 河原町—迎町

慶長6年白川に最初にかけられた名物橋

橋名の由来は通常、慶長6（1601）年に加藤清正が大天守閣着工の際、資材運搬のため白川に最初に橋を架けたことから長六橋と呼ばれているという説が採用されているが、他に人名説もある。

当時、白川にはこの橋のみで「旧薩摩街道」の交通の要衝となっていた。大正12（1923）年の大水害で流失した木橋に替え、“流されない橋”を、という熊本市民の長年にわたる悲願を実現したのが、先代の下路式鋼トラス・タイド・アーチ橋（軌道併設の近代鉄橋）であった。大正14年に起工、昭和2（1927）年完成、同年3月開通した。その後、第二次世界大戦や昭和28（1953）年6月26日の熊本大水害も被害が無く、熊本市と県南部・南九州各地とを結ぶ交通の要路として役割を果たした。

土木図書館所蔵の絵はがきより転載。原画は、富重写真館撮影

現在の長六橋は、軌道（市電）を廃止し、国道3号の交通量の増大と河川改修に伴いプレストレストコンクリート桁橋として架け替えられたものである。旧長六橋は、平成3（1991）年に市民らが注目する中で解体されたが、その1年ほど前からこの橋の保存を求める市民運

動が生じた。著者（﨑元）もその運動に参加し、その時行った市民アンケートの中に、戦時中、橋の下に逃げ込んで爆撃から命を救われたと回答された方がおられた（著者、福島もその一人）ことなど、かけがえのない橋であったことが明らかになった。

その市民運動により、旧長六橋の土木技術的価値が認められ、廃橋扱いの解体計画から移築保存を前提とした解体計画に変更され、解体後数年間部材を保管した。最終的には市の財政的理由で、移築保存は実現しなかった。現橋の高欄は、旧長六橋の姿を映したデザインになっており、歩道のバルコニーには女性像の彫刻が凛として輝いている。

DATA

熊本市中央区河原町―迎町

規模　橋長：123.2m 幅：22.0m
（両側車道幅6.0m 歩道幅：3.0m 路肩：0.5m
加えて中央帯2.0m 分離帯1.0m）

完成　①慶長６（1601）年　木橋
②昭和２（1927）年　鋼トラスタイドアーチ
③平成２（1990）年　ＰＣ３径間連続桁

アクセス　国道３号が市内を通り白川を渡る橋

40 銀座橋（きんざばし）

熊本市中央区九品寺

銀座通りから九品寺方面への道路橋

この橋は、熊本市の商店街銀座通りから九品寺方面へ行く時に白川を渡る橋である。同川に架かる「安政橋（安巳橋）」と同じくアーチ系のランガー桁橋である。

橋に通じる道路は、銀座橋側（下通り交差点）から直進するトンネルをくぐり、左カーブのループ状の道路を経て橋に至る。

DATA

熊本市中央区九品寺

規模　橋長：108.6m 最大支間：62.0m
幅：11.3m（車道8.3m＋歩道1.5m×２）

形式　鋼ランガー桁

完成　昭和33（1958）年

アクセス　熊本市水道町交差点より南へ徒歩８分。上流に安政橋（安巳橋）が見える

周辺観光　下通りアーケード街（西方面へ徒歩10分程）

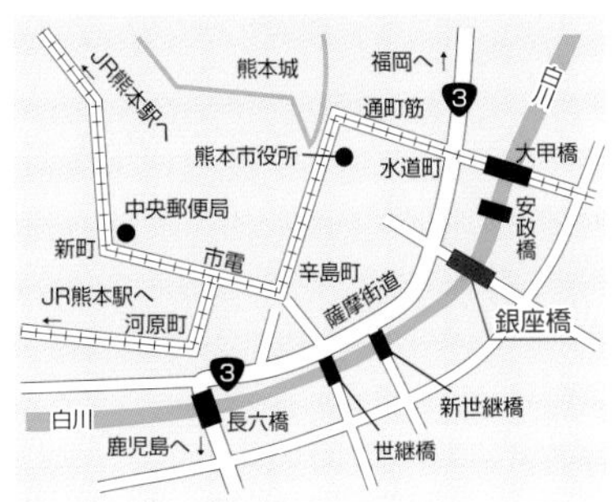

41 安政橋（安巳橋）

熊本市中央区 安政町―九品寺

昔は軽便鉄道も運行していた由緒ある橋

初代の橋が、安政4（1857）年の巳年に架設されたことから安政橋、または安巳橋と呼ばれている。江戸時代末期にこの橋が架かったことで、それまで白川の西側までで止まっていた市街地化の波が川向うの東側に及ぶことになる。東側に新しく造成された武家屋敷町ということで「新屋敷」という地名も誕生した。その後、新屋敷の町は次第に北へと広がり現在の大江川鶴方面まで達する一方、隣接する大江村界隈も開発が進められるなど、今なおその傾向が続く市街地の東方面への拡大が進むきっかけとなった。

明治時代に入ると白川には明午橋など新しい橋が複数架かかるが、東部（大江村・出水村・木山往還方面）へのメインルートはやはりこの安政橋であった。それは明治40（1907）年に水前寺公園まで開通した熊本軽便鉄道が安政橋の上を通ることになったことからも間違いのないことだと思われる。しかしながら、軽便鉄道は短期間で廃止され、その代替として市電が建設されることになる。市電は安政橋の北を通ることになり、当初は市電専用橋として架けられる予定だった大甲橋が結局は道路との併用橋に変更され、その道幅の広さも相まってメインストリートとしての座を安政橋から奪い取ってしまう結果となった。

現在の安政橋は、昭和43（1968）年に鋼アーチ（形式はランガー桁橋）に改築されたもので、幅員も狭く、西から東への一方通行である。親柱には西側に「安巳橋」、東側に「あんせいばし」と銘記されている。街灯の支柱には軽便鉄道のデザインが施されたり、歩道には渡し船のレリーフとともに当時の汽車を模した敷石が設置されている。

〈参考〉軽便鉄道の路線は、当初安政橋〜水前寺であったが、明治41（1908）年に南千反畑（県庁前）〜二里木間も開通し、その後、大日本鉄道㈱に合併、同年9月大津（菊池郡）まで線路を延伸した。

DATA

熊本市中央区　安政町—九品寺

規模　橋長：109.1m　最大支間：75.0m
幅：7.0m（車道4.0m＋側歩道1.5m×２）

形式　鋼ランガー桁

完成　昭和43（1968）年

アクセス　熊本市水道町交差点より徒歩３分。上流に大甲橋、下流に銀座橋が見える

周辺観光　夏目漱石旧居　安政橋商店街
下通りアーケード街（西方面へ徒歩10分程）

42 大甲橋（たいこうばし）

熊本市中央区 水道町─九品寺

熊本市東西交通の動脈橋

大甲橋は、1級河川「白川」に架かる熊本市の東西交通の動脈橋である。大正13（1924）年、甲子の年にできたことから大甲橋と命名された。兵庫県西宮市の甲子園球場が完成したのと同じ年である。下流の安政橋を通っていた軽便鉄道が廃止されたことから、当初、市の電車専用として架設する計画であったが、地元の要望と熊本電気㈱の寄付金等によって人車併用の鉄筋コンクリート橋として架橋された。

昭和28（1953）年の白川の6. 26大水害でも橋は流出しなかったが、大量の流木が橋脚に引っ掛かり堆積したため流水は阻害され、主流は両岸に越流していった。その結果、両岸の橋台が洗掘され、一時通行不能となった。当時、白川の橋梁は市内17カ所に架けられていたが、国道3号の長六橋のみ無傷で、大甲橋、子飼橋、銀座橋が損傷し、残りの橋はすべて流失した。被害を大きくした反省から昭和40（1965）年4月、橋脚の少ない現在の橋に架け替えられた。橋長は、大正時代より33m長い106mである。さらに、平成4（1992）年、歩行者優先の快適でゆとりのある空間をめざすため、歩道部の拡幅工事が行われた。

DATA

熊本市中央区 水道町―九品寺

規模 橋長：106.0m 最大支間：41.0m
幅：35.0m（車道25m 歩道左右各4.5m） 6車線

形式 鋼３径間連続桁

完成 大正13（1924）年

改修 昭和40（1965）年／平成４（1992）年 歩道部拡幅

アクセス 熊本市の中心、水道町交差点から電車通りを東に向かい白川を渡る橋

周辺観光 市電利用で東方面へ行くと水前寺公園、江津湖、健軍商店街。西方面へ行くと手取神社、通り町繁華街、熊本城

43 子飼橋（こかいばし）

熊本市中央区 新屋敷―西子飼町

蚕養（こかい）から名づけられた橋

江戸時代末期には船で渡河（とか）する子養（こかい）渡しがあり、その後明治期を経て大正期中頃まで、仮の木橋が架けられていた。本格的な木橋としての子飼橋は、大正14（1925）年に架けられた。子飼地区は、古くから養蚕が盛んに行われた所で、橋名もそれに因んで付けられた、と伝えられている。

昭和28（1953）年6月の熊本大水害の時はコンクリート桁橋であったが、流木が桁にさえぎられて堆積し、左岸が破堤し、濁流が市街地を襲った。４年後、昭和32（1957）年に鋼鉄の橋（鋼ランガー桁橋）に架け替えられた。その後、平成27（2015）年に交通混雑解消のために２車線を４車線化して、現在の橋（プレストレストコンクリート桁橋）が架橋された。幅の広い自転車道と歩道を備えているのが特徴である。橋の北側には熊本と阿蘇経由で大分とを結ぶ旧国道57号（現県道337号線）が通り、周辺には子飼商店街や熊本大学などもあり、風情のある街並みとして知られている。

広い自転車道と歩道

先代の鋼ランガー桁橋

DATA

熊本市中央区 新屋敷―西子飼町

規模 橋長：134.0m 幅：27.0m
（片側２車線 両側に３mの自転車道と2.5mの歩道）

形式 プレストレストコンクリート桁橋

完成 平成27（2015）年

アクセス 中央区新屋敷・大江方面から立田山の方へ向かい、白川を渡る橋

周辺観光 子飼商店街 熊本大学五高記念館

44 第二白川橋（だいにしらかわばし）

熊本市 東区新南部—中央区黒髪

大阪城東線から転用した鉄道橋

第二白川橋は、小磧橋の上流、豊肥本線の立田口駅手前で白川を渡る。それまでの橋梁が昭和28（1953）年の白川水害で流失したので、翌年の昭和29年に災害復旧のために架け替えられたものである。流失の翌年に復旧するという迅速さにはマジックがあった。このトラス橋は、大正２（1913）年に製作された大阪城東線（現在の大阪環状線）の澱川（よどかわ）橋梁を転用して（解体後運搬し組み立て）架設されたものである。トラスの形式（部材の組み方）には種々あるが、これは下路式プラットトラス（支間中央の斜材がVの字形状で交差してる）という形式である。大正２年に製作されたということは100年以上経過してまだ役目を果たしていることになる。鋼鉄の橋は、さび止めのための塗装を丁寧に繰り返せば、半永久的に寿命を延ばすことができる。

DATA

熊本市　東区新南部２丁目ー中央区黒髪７丁目

規模　橋長：72.0m　支間：62.4m　幅：単線

形式　下路式鋼単純プラットトラス

完成　昭和29（1954）年

アクセス　黒髪７丁目の小磧橋から見える、立田駅の手前で白川を渡る橋

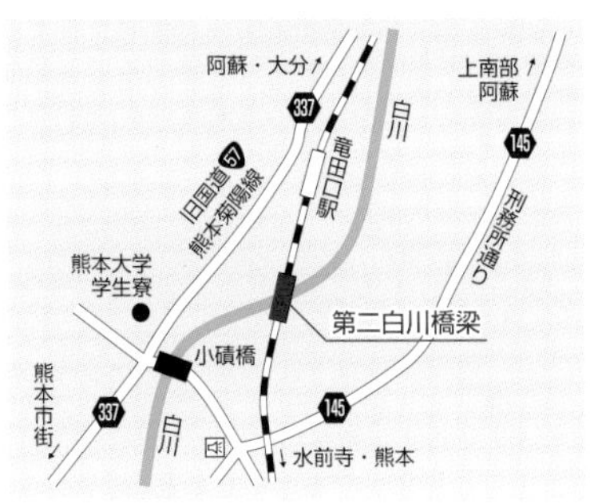

45 水前寺太鼓橋（すいぜんじたいこばし）

熊本市中央区水前寺公園
（水前寺公園内）

公園内の可愛い石橋

肥後藩主細川忠利公によって造られた日本三大庭園「水前寺成趣園」には四つの石橋がある。

北側の三つの橋は全て桁橋で、周回路最初の橋には「明治12年築造、石工、岡村～井芹村」との刻がある。太鼓橋は、園内の南側に架けられている。

目立たない小さなアーチ式の石橋であるが、今も観光客が園内を周遊する際に利用している。近くには、出水神社の能舞台もある。

県内で最も小さい石橋

周回路最初の橋

水前寺成趣園

DATA

熊本市中央区水前寺公園8-1（水前寺公園内）

規模 橋長：4.0m 径間：2.75m 幅：1.9m

形式 単一石造アーチ

完成 不明、移設は明治30（1897）年

アクセス 熊本市街から大甲橋を渡り、市電の通る県道28号線を東進、九州記念病院の手前、国府１丁目の信号を左折して進むと水前寺公園入口へ

周辺観光 出水神社、江津湖（市電を南側に進み車で約５分、徒歩15分程）

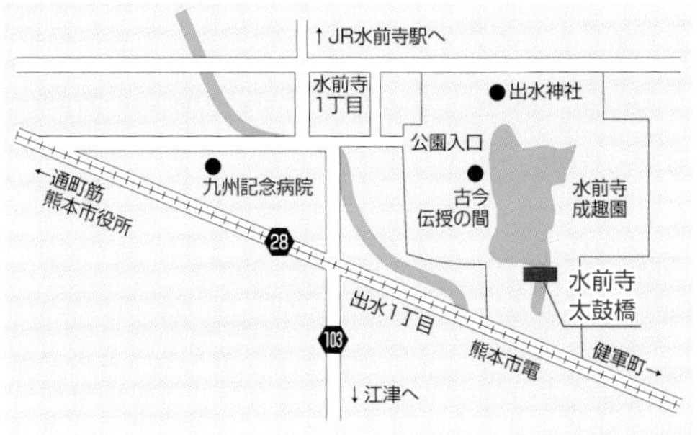

豆知識 4

橋の形式と適用支間

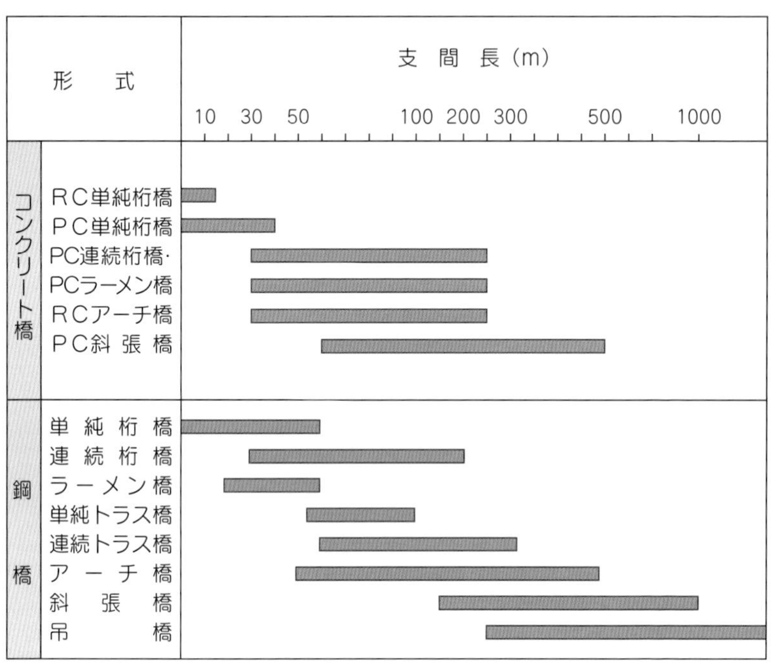

上図は、日本の道路橋の標準的な適用支間をあらわしている。主に経済性からその形式で適用できる標準的な支間が決まっている。例えば300mまでの支間の場合、複数の形式が適用可能であり、経済性を中心に、「架橋地点の地形」「地盤の強さ」「架設方法の難易」や美観・景観等を総合的に考慮して、橋の形式が決められている。コンクリートは自体の重さが大きいので、500mを超える支間では、橋自体を支えるのが困難となるので、軽くて強い鋼で造らざるを得なくなる。さらに、1,000m近くの支間では、鋼の吊橋の独壇場となる。

それぞれの橋の形式に対して最大支間を伸ばすことが技術進歩のバロメーターとなる。1998年に完成した明石海峡大橋は、塔と塔の間隔（吊橋の場合は、これが支間となる）が1,991m（兵庫県南部地震により塔が移動し、１m長くなった）あり、2021年現在も世界一の支間を誇っている（当時の世界一は、英国ハンバー橋、1,410mで一気に581m更新）。

Ⅳ. 緑川水系の橋

55 二俣橋

所在地MAP

緑川水系の橋

橋名称の文字色は素材を表わしています。
赤＝鋼　灰＝コンクリート　茶＝石

至福岡
3
有明海

47. 門前川目鑑橋

443
221

46. 加勢川橋梁

48. 下鶴橋

加勢川
御船町
緑川

56. 第３二俣橋

53. 薩摩渡

51. 山崎橋

55. 二俣橋

宇土市
松橋
218

52. 市木橋

54. 三由橋

32

56. 年禰橋

57. 小筵橋

宮原
八代海
443
至八代
3
中央町

49. 八勢眼鏡橋

50. 金内橋

64. 通潤橋

66. 聖橋

御船川

58. 馬門橋

445

218

63. 浜町橋

67. 馬見原橋

砥用

緑川

218

60. 霊台橋

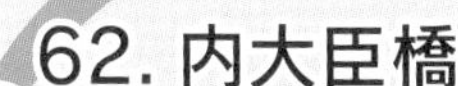

65. 鮎の瀬大橋

59. 大窪橋

61. 雄亀滝橋

445

46 加勢川橋梁（かせがわきょうりょう）

熊本市南区川尻

戦闘機のアクロバット飛行を誘った橋

九州鉄道の熊本以南の路線には、白川、加勢川、緑川、浜戸川の４河川があり、これらの河川にもドイツ・ハーコート社製のボーストリングトラスが架設された。しかし、当時は日清戦争前後であったためか、明治27（1894）年の熊本～川尻間（4.9km）の完成を皮切りに、川尻～松橋（10.4km）、松橋～八代間（20.1km）まで、１年おきに完成した。加勢川橋梁では、明治28年に建設された３連のボーストリングトラス橋が大正10（1921）年に同連数のリベット結合のプラットトラス橋に架け替えられた。その後の河川改修により一部桁橋に架け替えられたので、この時代のものとして現存するのは上り線の熊本側の１連のトラス橋のみである。この橋梁においても、前出の高瀬川と同様、橋脚４基は当初の明治の煉瓦造りのものがそのまま用いられている。

川尻出身の著者の友人の話によると、太平洋戦争の頃に、戦闘機でこの橋の下をくぐり抜けるアクロバット飛行をしてみせ、恋人にアピールした人がいたとか。写真で見ても桁下と川面の距離は6ｍ程度であるので、驚くべきことではある。

参考文献：戸塚誠司「熊本県下における近代橋梁の発展史に関する研究」

DATA

熊本市南区川尻

規模　橋長：159.8m　トラス支間：46.8m　幅：単線

形式　鋼プラットトラス（リベット結合）

完成　大正10（1921）年　※昭和42（1967）年改修

アクセス　熊本市より国道３号を南下し、南高江の交差点で右折して県道297号線に入りさらに県道50号線を南下、加勢川を渡る時に右に見える。川尻の船着き場から橋下に行ける。対岸は、富合町御船手

周辺観光　くまもと工芸会館

47 門前川目鑑橋

上益城郡御船町木倉

半円以上の弧を描く美しい石橋

門前川目鑑橋は、現存する石橋の中で熊本県内でも二番目に古い石橋である（県内最古は、1802年完成の豊岡のめがね橋）。

この橋は、肥後と日向を結ぶ歴史街道「日向往還」に架橋され、およそ200年余りも交通の要所としての役割を果たしてきた。この近くに、日向往還の「四里木の跡の碑」があることから、熊本市新町の起点「札の辻」から約16kmの地点にあることになる。架橋は文化５（1808）年、石工は理左右衛門であると永青文庫所蔵の『町在』に記されているとのこと。橋名の由来は、現在の永寿寺の門前を小川が流れていたことからこの名がついたと伝えられている。輪石（アーチ部分を形成する石）と輪石を繋ぐ楔石は輪石のずれ落ちや橋本体の変形・崩壊を防ぐための工法で、県北の豊岡の眼鏡橋でも見られたものである。この橋は、今も子どもたちの通学路となっている。

輪石の横ずれを防ぐくさび石

DATA

上益城郡御船町木倉

規模 橋長：7.0m 径間：6.4m 幅：2.6m

形式 単一石造アーチ

石工 理左衛門

完成 文化５（1808）年

御船町指定文化財

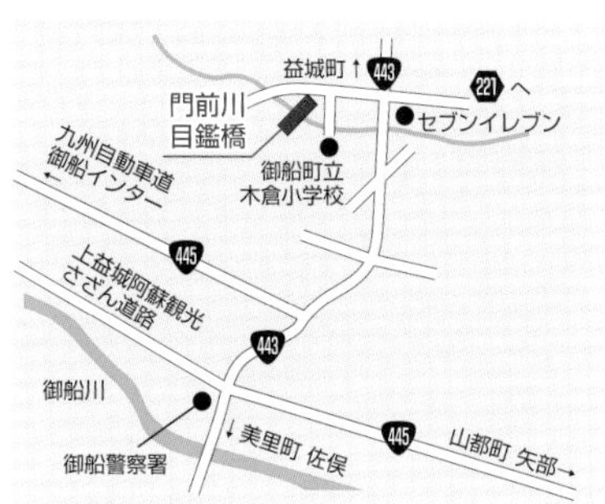

アクセス 御船町に向かう国道445号バイパスで国道443号に突き当たり左折、約１km北進して二つ目の信号（右折すれば県道221号線八勢眼鏡橋方面へ）を左折し約200m、木倉小学校前バス停に立札があり、その左側の門前川に架かる

周辺観光 永寿寺（浄土真宗本願寺派）
御船恐竜博物館（御船町大字御船995-6）

48

下鶴橋（しもつるばし）

上益城郡御船町滝尾下鶴

橋本勘五郎・弥熊父子による単一石造アーチ

橋の傍らの御船町観光協会の説明板には次の記述がある。

「この下鶴橋は東京の二重橋や日本橋を始め矢部の通潤橋など数多くの眼鏡橋を架設して天下にその名をうたわれた名石工橋本勘五郎、弥熊父子によって明治15年（1882年）10月から明治19年（1886年）10月まで満４年間を費やして架設されたものです。橋の長さ十三間（約23.63m）、幅は三間半（約6.36m）、総工費2,538円31銭厘を要しました。以来、春風秋雨九十有余年の間、熊本から矢部宮崎県に通ずる主要道路の交通橋として大いに郷土産業の振興に役立ってきましたが時代の変転は交通量の激増と交通機関激変により、これまで堅固を誇ったこの石橋もついに耐えきれなくなりましたので、ここに近代橋が架設されました。

今後は、先人の事績を敬仰し、文化財として保存されることになりました。美しい石組みの見事さに注意してください」（一部改）

弥熊がはじめて架けた橋といわれており、酒好きの弥熊が親柱に徳利とさかずきのシルエットを残している。通潤橋で導入された「袖石垣」の技法が使われており、両岸部は裾広がりになっている。1950年まで国道として使用されたが、その後並行して近代橋が架設されて、その役割を終えた。

DATA

上益城郡御船町滝尾下鶴

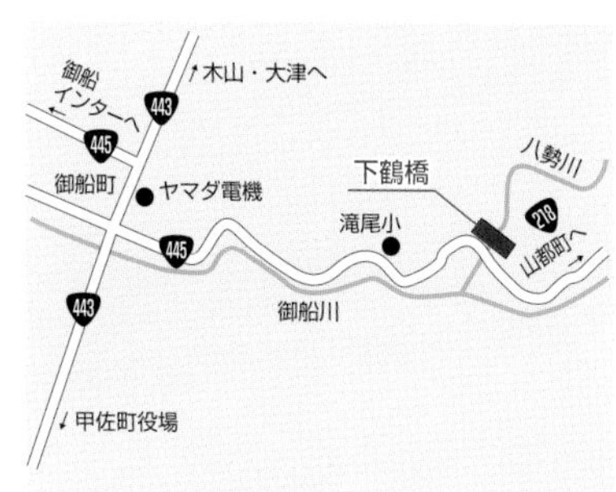

規模 橋長：約23.63m 幅：約6.36m
拱矢：9.0m

形式 単一石造アーチ

石工 橋本勘五郎・弥熊父子

完成 明治19（1886）年

御船町指定文化財

アクセス 御船町から国道445号を矢部（山都町）に向かって約５km進み、八勢川が御船川に合流する下鶴に、国道と平行に架けられている

周辺観光 御船町恐竜博物館（御船町御船995-6）

49 八勢眼鏡橋（やせめがねばし）

上益城郡御船町上野

日向往還に架けられた江戸時代の石橋

八勢眼鏡橋は、安政2（1855）年、日向往還（熊本～御船～矢部～延岡）に架けられた大きな石造アーチ橋である。橋は、八勢川本流に架かる部分と左岸を流れる用水路に架かる水路橋部分（八勢水路橋、1814年架設）が一体となっており長さ62mにも及んでいる。当時、この地点は、八勢川が増水すると通行ができなくなり、日向往還最大の難所であった。そこで、御船の材木商林田能寛（はやしだよしひろ）が総庄屋・光永平蔵や石工、農民達を説得し、私財を投じて架橋したと伝えられている。眼鏡橋を渡った先には、160段300m程の石畳が続き、日向往還の名残を見ることができる。石工は、卯助、甚平。熊本県の重要文化財にも指定されており一見に値する由緒ある石橋である。平成28（2016）年の熊本地震に際しては、左岸上流側のアーチ基部から橋台側の壁石が崩壊した。また、崩壊部の反対の左岸下流側の壁石も上流側に傾き、欄干の一部も崩落した。被災後しばらくアクセスもできなかったが、再度壁石を積み上げ、補修を完了し、現在は通行可能となっている。

八勢水路橋

日向往還の名残の石段と石畳

DATA

上益城郡御船町上野

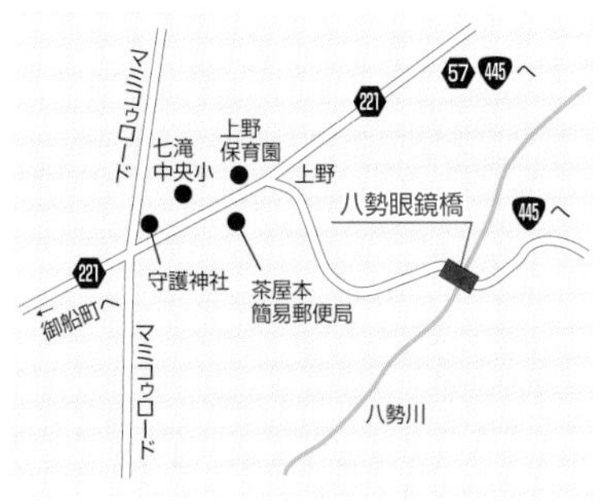

規模　橋長：26.0m　径間：14.5m　幅：4.0m

形式　単一石造アーチ

石工　卯助・甚平兄弟

完成　安政２（1855）年

熊本県指定重要文化財

アクセス　御船町から県道221号線を進み、上野で標識を見て右折後１km

周辺観光　石橋群（門前川御船眼鏡橋、下鶴橋）

かねうちはし

50 金内橋

上益城郡山都町金内

大（金内橋）小（福良井手の眼鏡橋）二連のアーチ橋

金内橋は、御船川に架かる橋で、嘉永３（1850）年に惣庄屋布田保之助の時に建造された大小二連からなる眼鏡橋である。大きなアーチは御船川、小さいアーチは、灌漑用水の井手をまたいでいる。現在の橋は、昭和８（1933）年の改修で上部と輪石の部分をコンクリートで覆っているので、石橋の美観を損ねているが、今も人や車が往来する現役の橋である

福良井手の眼鏡橋

DATA

上益城郡山都町金内1220

規模 橋長：31.0m 径間：16.4m 幅：5.5m

形式 単一石造アーチ

石工 宇一、丈八（後の橋本勘五郎）親子

完成 嘉永３（1850）年

山都町指定有形文化財

アクセス 国道445号を山都町（矢部）に向かい山都町金内に入り、右側に中島東部小学校（廃校）を見てすぐ先の押しボタン式信号から細い道を左へ入ると100m程度で金内郵便局がある。橋はその右側にある

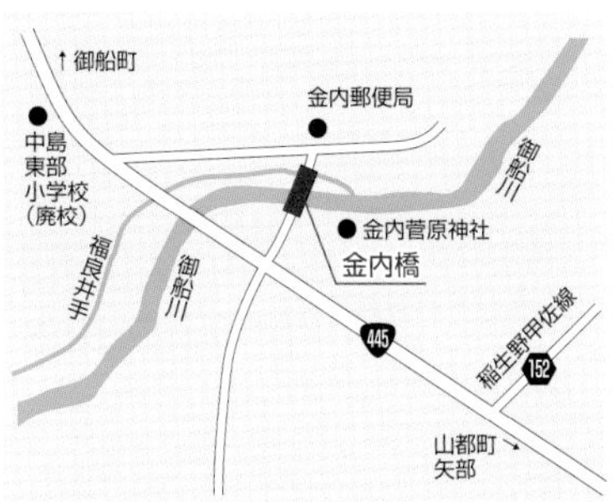

51 山崎橋（やまさきはし）

宇城市豊野町山崎

小熊野川に種山組により架けられた石橋

山崎橋は、浜戸川（緑川水系）支流小熊野川に架けられ、当初は「駄渡川橋」と呼ばれていた。架橋は天保2（1831）年で、石工の茂左衛門、彦左衛門によって造られた。高欄は慶応2（1866）年に設置されている。

石柱には、「車一切通遍加良須」と刻まれている。現在も生活道路として利用されている。

DATA

宇城市豊野町山崎

規模 橋長：25.0m 径間：14.0m 幅：3.6m

形式 単一石造アーチ

石工 茂左衛門、彦左衛門

完成 天保2（1831年）

宇城市指定重要文化財

アクセス 松橋より国道218号を東へ約3.5kmアグリパーク豊野を過ぎてしばらく行くと左下に見える。そのまま豊野町山崎の信号を左折、山崎橋を渡ってすぐ左折してしばらく行くと見える

52 市木橋（いちきばし）

宇城市豊野町下郷

珍しい迫持ち式の石桁橋

谷口川に架かる市木橋の製作者は不詳であるが、江戸時代末期に構築されたと推定されている。幕末から明治にかけて、多くの壮麗な石造アーチ橋（眼鏡橋）が建造されたが、この橋は、それらとまったく異なって、水門部が、数段の石桁を両側から順次迫（せ）り出し持ち送りして、その上に長い石桁を渡して構成された単径間の桁橋である。この工法は、ローマ時代にアーチが用いられる前の空間を構成する技法であったが、現在も残っている点では珍しい。橋床には用水路を抱えているので通潤橋のような水路橋である。橋床や水門の崩壊が著しくなったとして、平成5（1993）年に復旧工事に着工し、創建当時の姿に完成された。

DATA

宇城市豊野町下郷

規模 橋長：18.0m 幅：2.4m
水門径間：2.8m 水門高さ：2.00m

形式 迫持ち式石桁橋

石工 不明

完成 江戸時代末頃

宇城市指定重要文化財

アクセス 豊野町山崎交差点から県道32号線を約600m南下し、右手に案内標木があるところを右折し、川を渡ってすぐに左折、さらにその先を右折して川沿いに進んだところ

53 薩摩渡（さつまわたし）

宇城市豊野町糸石

旧薩摩往還に架かる美しい眼鏡橋

薩摩渡は、宇城市豊野町巣林から糸石へ向う旧薩摩往還の浜戸川に架けられている単一の眼鏡橋で「巣林橋」とも呼ばれている。

天保3（1832）年頃は木製橋だったが、その後改めて架橋され現在の眼鏡橋になったと伝えられている。

旧薩摩街道はこの橋を渡り、松橋〜八代〜佐敷〜水俣と続く道が肥後と薩摩の主要街道となっていたことから、「薩摩渡」の名が残されているのかもしれない。

石工は、岩永三五郎の兄、嘉平と伝えられている。橋は公園化して、地元の人々の手により大切に整備保存されている。田園地帯にマッチした美しい橋である。

DATA

宇城市豊野町糸石

規模 橋長：16.1m 径間：9.6m 幅：3.4m

形式 単一石造アーチ

石工 岩永三五郎の兄、嘉平と伝えられている

完成 文政12（1829）年

宇城市指定重要文化財

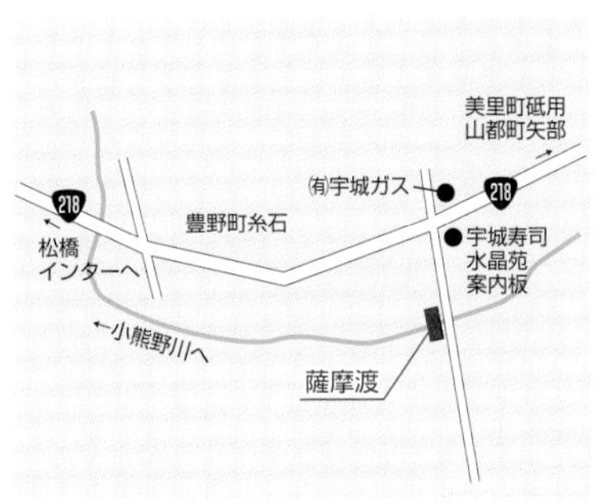

アクセス 松橋から国道218号を東進、豊野町に入り、信号のある糸石の交差点を過ぎて約600m。右に宇城寿司、水晶苑の案内看板がある交差点を右折して約200m

周辺観光 山崎橋

54

みつよせばし
三由橋

宇城市豊野町下郷

鬼迫目鑑橋とも呼ばれていた

三由橋は、緑川水系の小熊野川に架けられた石橋で、文政13（1830）年に地域の惣庄屋小山喜十郎の尽力により架橋されたと伝えられている。粗い石を使った力強く重厚な橋で、石工は案内板に岩永三五郎と記されている。石橋としては残念ながら上部はコンクリートで補強されている。現在も車・歩行者等の往来に利用され人々の暮らしに欠かせない橋となっている。また、別名「鬼迫（おんざこ）目鑑橋」とも呼ばれていた。

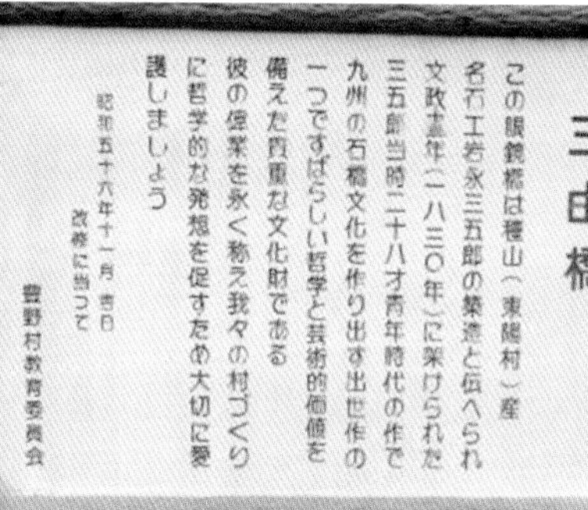

DATA

宇城市豊野町下郷

規模　橋長：21.6m 径間：12.7m 幅：3.2m

形式　単一石造アーチ

石工　岩永三五郎（案内板記載）

完成　文政13（1830）年

宇城市指定重要文化財

アクセス　国道３号の松橋方面から国道218号に入り、豊野町で県道32号線に進み約２km南下。下郷地域に入ると道路から石橋が見える

周辺観光　石橋群（山崎橋、薩摩渡し、市木橋）

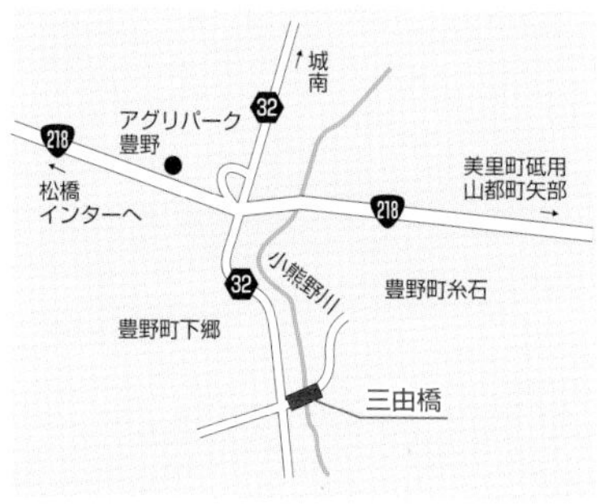

55 二俣橋（ふたまたばし）

下益城郡美里町小筵

光のハート型を求めて若者が集う

二俣橋と略称される小筵二俣渡（こむしろふたまたわたし）と二俣福良渡（ふたまたふくらわたし）は、釈迦院川と都留川の合流点にある。兄弟橋とも呼ばれているが、江戸時代の文政12（1829）年に「小筵二俣渡（釈迦院川）」が、文政13年に「二俣福良渡（津留川）」が架橋された。架橋は往時の中山手永惣庄屋「小山喜十郎」の尽力によるものと伝えられている。事業主の中山手永惣庄屋・小山喜十郎は、馬門橋、二俣橋、二俣福良渡の３基の他、三由橋（宇城市）、山崎橋（宇城市）など計7基の石橋を架け、松橋～矢部往還を整備し、手永の発展に尽力したとのこと（美里町ホームページ）。

両橋はほぼ直角に並んでいるが、10月～２月の昼頃、二俣福良渡から二俣渡の影を眺めると日差しによって影がハート形が見えるので、「恋人の聖地」として人気を集める観光スポットとなっている。

平成28（2016）年４月の熊本地震により「二俣福良渡」の一部が損壊したが、直ぐに修復が行われ復旧した。

小筵二俣渡

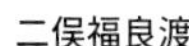
二俣福良渡

地震による損傷

DATA

下益城郡美里町小筵

小筵二俣渡（釈迦院川）

規模 橋長：28.0m 幅：3.3m

形式 単一石造アーチ

石工 不明

完成 文政12（1829）年

二俣福良渡（都留川）

規模 橋長：27.0m 幅：2.5m

形式 単一石造アーチ

石工 不明

完成 文政13（1830）年

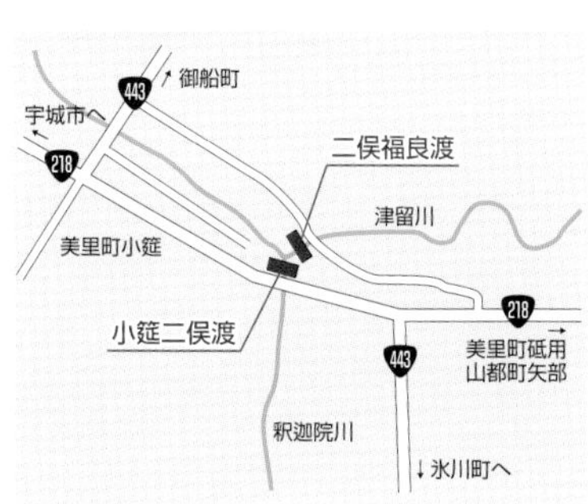

アクセス 国道3号を南下し、宇城市より国道218号に入り約20km東進。美里町小筵の交差点を左折して国道443号に入るとすぐ案内板があり右折

周辺観光 日本一の石段（釈迦院御坂遊歩道）
道の駅「美里 佐俣の湯」

56 第3二俣橋（だいさんふたまたきょう）と年禰橋（としねばし）

下益城郡美里町小筵

石橋の陰で目立たない歴史的な橋

　二俣橋と呼ばれる橋がもう一橋、二俣福良渡の横に並んでいる。これは、昭和2（1927）年に建設された鉄筋コンクリートの橋で、形式は上路式コンクリートリブアーチである。県内に残るコンクリートアーチの道路橋では、人吉の青井阿蘇神社前の禊橋（1921年）、姫井橋（1925年）、水俣の久木野川橋（1925年）に次いでこの二俣橋が4番目に古い。現地の看板には、第3二俣橋と書かれており二つの石橋の陰で目立たない。しかし、河原に降りて下からよく見ると、床部と柱の接合部などのデザインは洋風建築の柱を思わせる独特な装飾であり、当時の設計・施工を担当した技術陣の感性と意気込みがうかがわれる。

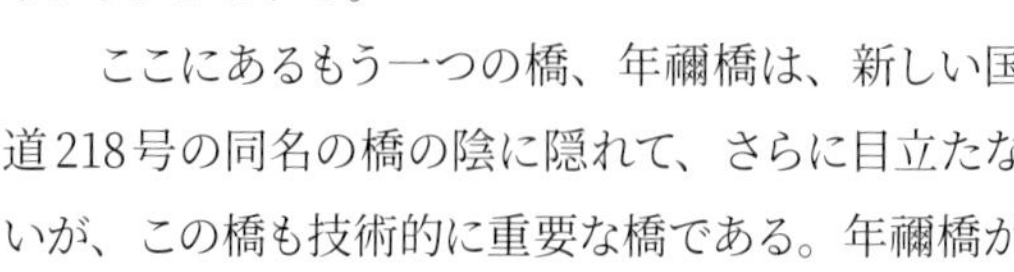

　ここにあるもう一つの橋、年禰橋は、新しい国道218号の同名の橋の陰に隠れて、さらに目立たないが、この橋も技術的に重要な橋である。年禰橋が造られた大正末期は、石造アーチからコンクリート橋への移行時期であり、この橋は側径間アーチと高橋脚を持つ4径間連続（大きなアーチを中心として西側に二つ、東側に一つの小さなアーチがある）の石造アーチ橋で、石材間の接着剤としてセメントが使用されている。

　当初、県道の主要な交通を担うために架けられ昭和38年に国道218号に昇格したが、交通量の増加により、昭和45年に鋼ラーメンの新年禰橋が架けられると、約46年の役目を終え、現在は歩行者専用になっている。その時代にどのようにして石を積み上げたのかを考えると相当の難工事であったことが想像される。

手前の新年禰橋と奥の年禰橋が重なって見える

年禰橋

参考文献：戸塚誠司、小林一郎「熊本県におけるコンクリートアーチ橋の評価」

DATA

下益城郡美里町小筵

第３二俣橋（都留川）

規模　橋長：22.9m 支間：18.5m 幅：5.4m

形式　上路式鉄筋コンクリートリブアーチ

完成　昭和２（1927）年

年禰橋（釈迦院川）

規模　橋長：59.3m 最大径間：23.7m 幅：8.5m

形式　４径間連続石造アーチ

完成　大正13（1924）年

アクセス　「二俣橋」に同じ

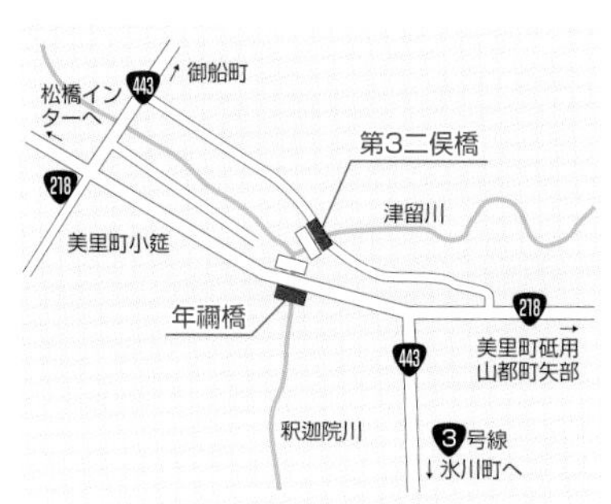

57

小筵橋（こむしろばし）

下益城郡美里町小筵

小筵川を渡る生活道路

小筵橋は、松橋から美里町へ向かう国道218号と国道443号が交わる小筵交差点近く（国道218号より約50m南）にある。近くの案内板によると次の説明がある。

「松橋～堅志田～小筵～長尾野～釈迦院に通ずる小筵川を渡る所に架かる眼鏡橋です。この橋の一番の特徴は、橋のたもとが、橋を支える下の方に行くほど太くなっており、その部分には、刀を納める鞘のように石垣を反らせる『鞘石垣』という技法が用いられています。これは、『通潤橋』にも用いられている技法です。長年、生活道路として使用されていながらも、その姿を保ち続けられている理由がここにあります」

しかしながら、写真で見るように、橋の周りはうっそうとした樹木に覆われており、橋のたもとの「鞘石垣」を確認するのは難しい。

DATA

下益城郡美里町小筵

規模　橋長：約47.0m 径間11.0m 幅2.0m

形式　単一石造アーチ

石工　不明

完成　江戸後期

アクセス　本文参照

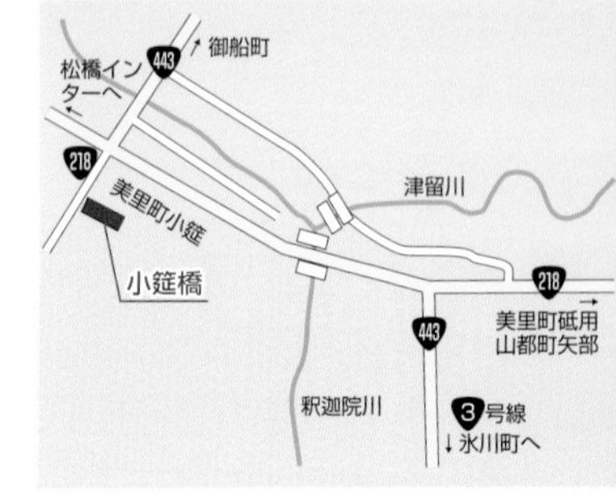

58

馬門橋（まかどばし）

下益城郡美里町今

都留川の清流に架かる二層の石積み橋

馬門橋は、熊本～砥用間の旧街道、砥用町の都留川（緑川の支流）に中山手永惣庄屋・小山喜十郎の力により架けられた。石積が二層に分かれており、上層は横一列に並べられ、下層はランダムな石積となっている。これは、橋を補強するために、その後、重ねられたと案内板に記されている。

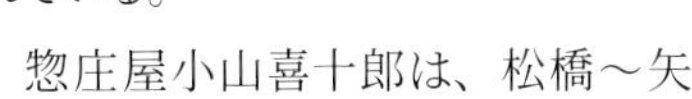

惣庄屋小山喜十郎は、松橋～矢部往還を整備するため馬門橋をはじめ前出の二俣渡、二俣福良渡等の7基の石橋を架橋したといわれている。

DATA

下益城郡美里町今

規模 橋長：27.0m 幅：2.9m 高さ：9.2m

形式 単一石造アーチ

石工 備前（岡山県）の勘五郎、茂吉

完成 文政11（1828）年

美里町指定重要文化財

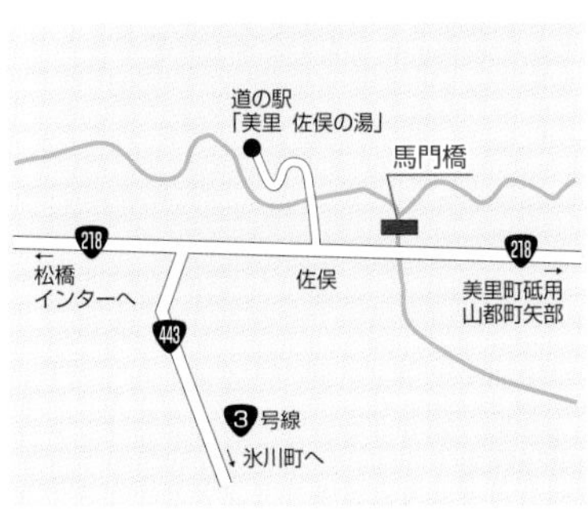

アクセス 国道218号を山都町方面へ進み、道の駅「美里 佐俣の湯」を過ぎて600m、津留川を渡る馬門橋の先に案内板がある。国道218号馬門橋の手前にも駐車場があり、その脇の小さな道を歩いて下ると橋に到達する

59

おおくぼばし
大窪橋

下益城郡美里町大窪

橋の中央部がもり上がった美しいアーチ

大窪橋は、嘉永２（1849）年、惣庄屋篠原善兵衛、石工新助によって架橋されたと伝えられている。眼鏡橋としては平坦地に架けられたことからアーチが高く中央部がかなり盛り上がっている。当時の大窪集落の全ての家々が津留川の南側にあったため、集落に行くには本橋を渡る必要があったことから架けられたと伝えられている。平成28（2016）年の熊本地震によって、高欄の石が橋床側に落下する被害を受けたが修復された。橋の傍らの桜の木が満開の時には絵になる景色である。周辺には、二俣橋、馬門橋、霊台橋などの石橋がある。

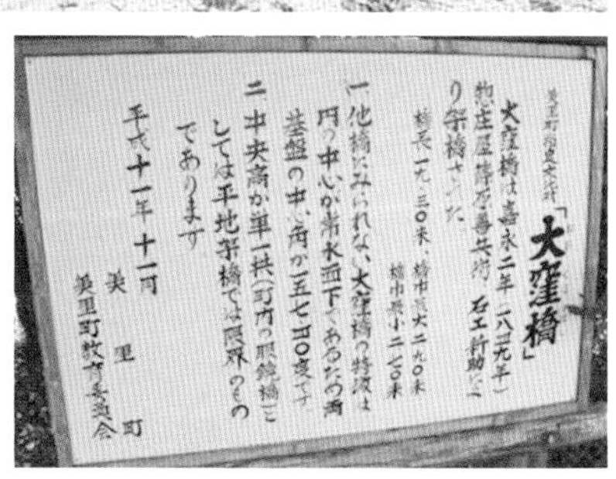

DATA

下益城郡美里町大窪

規模 橋長：19.3m 径間：17.0m 幅：2.7m 高さ：6.05m

形式 単一石造アーチ

石工 （岩尾野）新助

完成 嘉永２（1849）年

美里町指定文化財

アクセス 宇城市松橋から国道218号を山都町方面へ進み、宇城消防署分署の先から右折し、しばらく行くと津留川に架けられている大窪橋が見える

周辺観光 石橋群（霊台橋、二俣橋、馬門橋、雄亀滝橋）

60 霊台橋（れいだいきょう）

下益城郡美里町豊富字船津

日本最大の石造アーチ

霊台橋は、江戸時代の石造単一アーチ橋としては日本一の大きさを誇る。霊台橋が架けられた場所は、昔の街道である日向往還の一部だった。ここは船津峡と呼ばれる深い渓谷で、緑川の中でも流れの速いところだった。橋がないころは下流で船渡しを行っていたが、雨が降り増水すると使用できなくなり、さらに荷を抱えて渓谷を昇り降りするのは負担で、役所も急用の際は矢に通信文を結び連絡していたほどだった。文政２（1819）年より木橋が架けられるようになったが再三流失したことから、惣庄屋の篠原善兵衛が二度と流されることのない石橋の架橋を発案し、自らも出資して種山石工の卯助に建設を依頼。卯助は兄弟の宇市、丈八（後の橋本勘五郎）、さらに地元の大工・伴七と共に弘化３（1846）年工事を開始し、翌年の弘化４年、当時としては前例のない大きさの石橋を完成させた。

梅雨と台風が来る季節を避けて造られたため、工事期間はわずか６、７カ月、参加した大工の数は72人、地元の農民の協力のもと延べ43,967人が工事に参加した。地元の農民の協力で予定より早く工事が終わったことが、中国の古典「孟子」の中の文王霊台建造の話に類似すると考えた篠原善兵衛は、この故事にあやかり「霊台橋」と名付けた。霊台とは物見台の意味である。しかしあまりの大工事に心労が重なり、卯助は以後二度と石橋を造らなくなったという。霊台橋の技術は30年前の雄亀滝橋とともに、７年後に完成する通潤橋にも応用されたと考えられる。

明治33（1900）年、県道の一部とされた際、石橋の上にさらに石垣を積んで石橋上の道を平らにし、バスやトラックなど大型車を含む車が通れるようにした。昭和27（1952）年に県道の国道昇格に伴い国道橋となる。

昭和41（1966）年５月、上流側に並行して鋼鉄製の新霊台橋（上路式ランガー桁橋）が完成し、国道橋としての役目をこれに譲った石橋は、自動車の侵入が禁止され観光用の人道橋となった。その翌年に重要文化財の指定を受け、昭和55（1980）年より完成当時の姿に復元する工事が行われ、現在に至る。

架橋後160年以上が経過した今日でもその威容は健在で、見る者を圧倒する。

DATA

下益城郡美里町豊富字船津

規模　橋長：89.86m　径間：28.3m　幅：5.45m

形式　単一石造アーチ

石工　卯助、宇市、丈八

完成　弘化４（1847）年

国指定重要文化財

アクセス　宇城市松橋から国道218号を山都町方面へ進み、船津で緑川を渡る

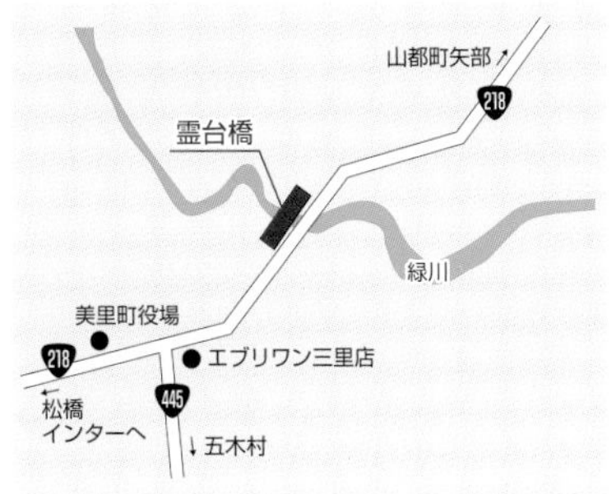

61 雄亀滝橋（おけだけばし）

下益城郡美里町石野

県内最古の現役水路橋

美里町のホームページには、雄亀滝橋について、以下の説明がある。

「文化10（1813）年、砥用（ともち）手永総庄屋・三隅丈八は、石野村以下十余箇村の灌漑の為、緑川の支流、柏川より取水する延長11kmの柏川井手の開削に着手。桶嶽の深い谷に工事がおよんだ際、野津の石工・（岩永）三五郎に水路橋架橋を依頼し、文化14（1817）年に完成した。（略）三隅家文書には、柏川井手開削（雄亀滝橋架橋）事業について『砥用国始以来ノ大業』と記されており、難工事であったことがうかがえる。架橋後190年以上が経過しているが、現在も農地（113ha）へ農業用水を供給する役目を担い続けている」

写真で分かるように、水路を渡すだけのための欄干もない質素な橋である。橋を通る水路は石樋で、漏水を防ぐため塩を混ぜた漆喰を使用しているといわれている。

熊本県の水路橋としては八勢の水路橋に次いで、２番目に古い石造アーチ橋であり、昭和49（1974）年、熊本県重要文化財に指定された。種山石工の一人岩永三五郎の初期の作で、最初の作品ともいわれている。岩永三五郎は、霊台橋や通潤橋を造ったとされる丈八（橋本勘五郎）の叔父にあたる人である。

この橋は、霊台橋とともに通潤橋を建設する上での技術的な手本となったとされ、完成当時これを見た布田保之助が三五郎に、いつか自分の所にも水路橋を架けてくれと頼んだといわれる。この約束は後世の種山石工、宇市、丈八（橋本勘五郎）、甚平らによって果たされ、嘉永７（1854）年、通潤橋が完成する。

橋を渡る水路の入口

柏川井手

DATA

下益城郡美里町石野

規模 橋長：15.5m 径間：11.8m 幅：3.63m

形式 単一石造アーチ橋

石工 岩永三五郎

完成 文化14（1817）年

熊本県指定重要文化財

アクセス 宇城市松橋から国道218号を山都町方面へ進み、国道445号への分岐を過ぎて約500m、内山を右折、県道153号線を進み、案内に沿って細い道を山に登る

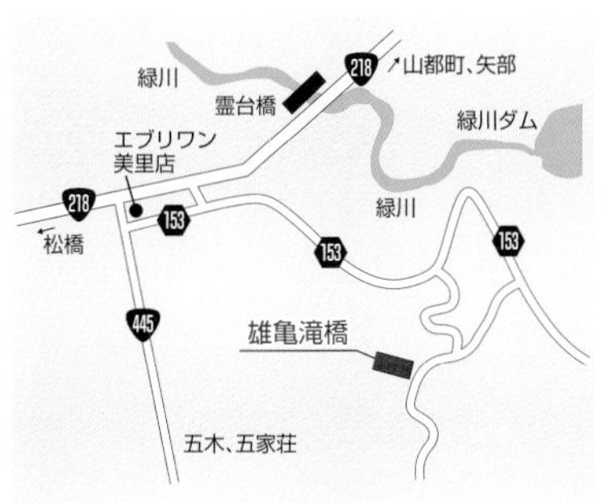

62 内大臣橋（ないだいじんばし）

下益城郡美里町大井早

平家伝説の地の宙に浮くアーチ

緑川の支流の一つに内大臣川がある。内大臣の地名は、平家伝説に由来している。壇ノ浦の合戦に敗れた平家の落人がこの深い渓谷に隠れ住み、小松内大臣平重盛を祭ったと伝えられる。平成5（1993）年緑川河口の漁民が「海の環境を守るには河川の源流の森と水を美しくすることが第一」とし、80年間国有林に樫などの広葉樹を植林することを契約し、内大臣川の山に「漁民の森」ができた。

この内大臣川が緑川に合流するところ（緑仙峡）から約500m下流にこの内大臣橋がある。内大臣林道（砥用町の県道から分岐し宮崎県椎葉村へ通じる幹線林道）の一部として昭和36（1961）年9月に着工し、同38年10月に完成した。

形式は、鋼トラスアーチ橋で、中央のアーチ支間は153m、水面からの高さ86mであり、橋上から川面を見下ろすとその高さに足がすくむ。建設当時は、東洋一のアーチ橋といわれた。橋のたもとの説明板には、中路式アーチ橋（道路がアーチの高さの中央にある橋）のことを、間違えて宙路式アーチ橋と書いてあるが、空中に浮かぶ橋の様子を言い得ていて妙である。

開通時は、通行料が徴収されていたが、昭和55（1980）年に無料化された。平成11（1999）年度から当時の橋梁規格に適応した欄干の嵩上げ、転落防止柵の設置、塗装工事が平成12年度まで行われた。

DATA

下益城郡美里町大井早

規模　橋長：199.5m　支間：153.0m　幅（車道）：5.5m
高さ：86.0m

形式　中路式鋼トラスアーチ橋

完成　昭和38（1963）年10月

アクセス　国道218号、445号を東進し、畝野に入り県道220号線への分岐を過ぎて、内大臣橋の案内のある道を右に入り狭いバス道を約３km

63

はままちばし
浜町橋

上益城郡山都町下馬尾

宮崎県五ヶ瀬町と熊本県美里町への分岐点

旧矢部町には多くの石橋があるが、この橋は、その中でも古く天保4（1833）年に建造された。浜町地区の中心地への入口にあり、清和、五ヶ瀬方面と美里町（砥用）方面への分岐点となる交通の要衝に架けられている。交通量の増加に伴い路面の舗装など、下流側に拡張補強されており、上流側のみに石造アーチ橋の姿を確認することができる。現在もバスなどの通行にも耐える交通の要衝となっている。近くには全国百名橋に選定されている「通潤橋」がある。

上流側から

下流側から

DATA

上益城郡山都町下馬尾（げばお）

規模 橋長：14.4m 径間：12.6m 幅：3.6m（拡張補強前）
高さ：6.46m

形式 単一石造アーチ

石工 岩永三五郎

完成 天保４（1833）年

アクセス 御船、松橋インターより車で国道218号を東進し約40分。県道180号線が千滝川を渡る橋

周辺観光 通潤橋他石橋群　浜町商店街　五老ケ滝

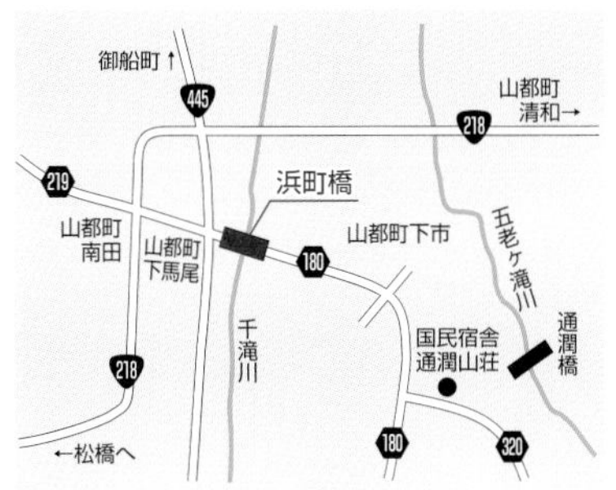

64 通潤橋（つうじゅんきょう）

上益城郡山都町長原

橋の中央部左右からの放水は圧巻

通潤橋は、山都町の轟川にかけられている日本一の石造単一アーチの水路橋である。安政元（1854）年、当時の矢部手永惣庄屋・布田保之助（ふたやすのすけ）が水不足に悩む白糸台地の住民を救うために手永住民の協力を得て架橋したと伝えられている。石工宇市、丈八（後の橋本勘五郎）、甚平が手がけた単一アーチ橋で、上部に三本の水路（石管）を通した長さ75.6m、幅6.3m、高さ20.2mの大規模な石橋である。水源としては6kmほど離れた笹原川から水を引き、標高差のために水を上げるのが難しい白糸台地におよそ100haの新田を造ったといわれている。

石のアーチが一跨ぎする距離（径間）と橋の規模を、その当時の技術に合せてできるだけ小さくするために、サイフォンの原理を使っていることも、この橋の特徴である。すなわち、

水源から導かれた水は、橋の手前で低い位置に落とされ、橋の水路を渡って後に再び元の高さに吹き上がる仕組みである。低い橋の上の水路に沈殿する砂などを掃除するために20mほどの高さから左右に放水する機能が設置されている。

近年は、観光用に放水されており、その眺めは、壮観で観光客に喜ばれている。この橋も平成28年4月の熊本地震で被災し、通水石管の漏水や被覆土の亀裂などが生じた。文化庁と町の保存活用委員会によって、手摺石（橋の幅の端部に橋軸方向に並ぶ石）の据え直し、通水石管の補修、漆喰（石管材間を接着するために目地を充てんする石灰系の材料）の詰め替えを行い、地震前の状態に復旧した。

〈参考〉鞘(さや)石垣：通潤橋の形を特徴づけているのは、石垣を支えている裾広がりの石垣である。この鞘石垣は、熊本城の石垣にみられる工法で、壁石を横から支えるつっかい棒の役割を担い安定感を出している（一種のもたれ擁壁）。

笹原川取水口

DATA

上益城郡山都町長原

規模 橋長：75.6m 径間：27.54m 幅：6.3m
高さ：20.2m

形式 単一石造アーチ

石工 宇市、丈八、甚平

完成 安政元（1854）年

国指定重要文化財

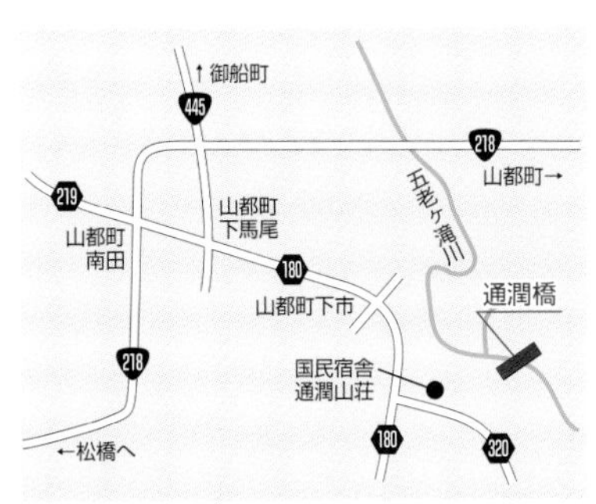

アクセス 熊本市内から国道445号を利用して約40km。県道180号線に入り東進する

周辺観光 周辺には霊台橋、二俣橋など石橋や清和文楽館など見所が多い

65 鮎の瀬大橋（あゆのせおおはし）

上益城郡山都町菅

オレンジ色のケーブルが輝くアートポリスの橋

旧矢部町斜（現山都町）千滝町道牧野上司（旧国道218号）を基点に白糸台地を通り、清和、砥用線を終点とする農免道路（総延長5.7km、完成後「あぐりろーど鮎の瀬」と命名）は、昭和56（1981）年地域農業の振興、農村の活性化を目的として着工、平成11（1999）年に19年の歳月をかけ完成した。

この道路が山都町白藤地区（通潤橋側）から菅（すげ）地区への緑川を渡る橋として平成５（1993）年12月に架橋工事を開始し平成11年７月に完成した。形式は、菅側がプレストレストコンクリート斜張橋、白藤側がＹ字型コンクリートラーメン構造の複合形式。アートポリスの橋として話題となった。

土木技術者が造るとしたら、自然になじむことを重視して上路式アーチ橋などにするのが一般的である。アートポリスの橋として、建築家（大野美代子氏ら）が設計したからか、なだらかな山々の中に直線的な橋とし、その存在を強く主張する結果となっている。

たびらい より転載 tabirai.net/sightseeing/column/0006448.aspx

著者（崎元）は、この橋を建設する際の技術アドバイザーであったが、斜張橋部分のバランスが少し悪く、地震時に菅側の支点が浮き上がる事が判明して、対策を協議した。浮き上がりを下に引き留める装置（アンカー支承）を設けるとの案があったが、コンクリートの桁端部にコンクリートの塊で重りを造って（写真参照）バランスを取ることにより、維持管理に難点があるアンカー支承を避けることとしたことを記憶している。

菅側には、菅地区でとれた新鮮な野菜、良質の米・加工品を販売する「鮎の瀬交流館」がある。

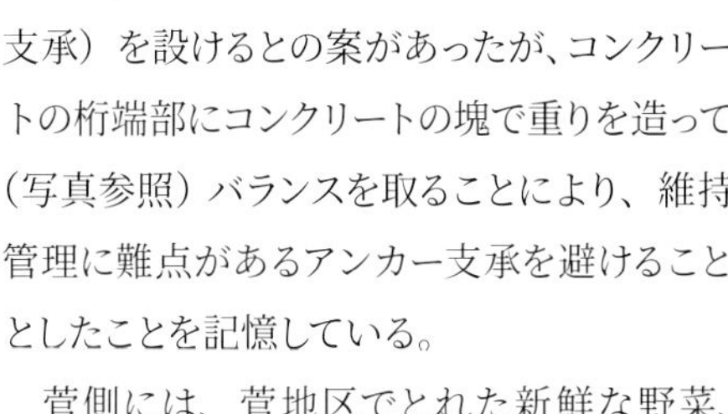

DATA

上益城郡山都町菅488-1

規模　橋長：390.0m 幅：8.0m 主塔の高さ：谷から138.0m 橋面上70m

形式　ＰＣ斜張橋＋ＲＣ　Ｙ型ラーメン

完成　平成11（1999）年

アクセス　道の駅「通潤橋」から通潤山荘の手前を右折、県道320号線から緑川農免道路「あぐりろーど鮎の瀬」を経由して道路沿いの案内を参考に約５km

周辺観光　通潤橋　道の駅「清和・清和文楽館」（山都町大平）

66 聖橋（ひりじばし）

上益城郡山都町野尻

日向往還の要衝の眼鏡橋

聖橋は、笹原川（緑川水系）に架けられており、矢部地方では最も古く天保3（1832）年5月に岩永三五郎によって建造された。かつては、日向往還の要衝として人々の生活に大きく貢献していた。近年、交通量の増加に伴いすぐ横に鋼鉄の新橋が架けられている。眼鏡橋は平成11（1999）年に修復され保存されているが、通行はできない。

http://nomano.shiwaza.com/tnoma/blog/archives/007182.html　より転載

DATA

上益城郡山都町野尻

規模 橋長：35.0m 径間：19.9m 幅：5.0m 高さ：12.0m

形式 単一石造アーチ

石工 岩永三五郎

完成 天保３（1832）年

山都町指定文化財

アクセス 通潤橋の入口から国道218号を東へ約10km行ったところにある

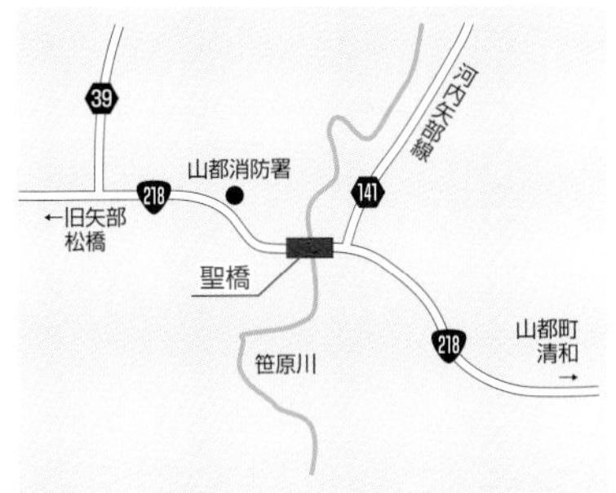

67 馬見原橋（まみはらばし）

上益城郡山都町馬見原滝上地内

自然の中の橋上に留まれるユニークな橋

宮崎との県境の五ケ瀬川に架かっていた旧馬見原橋は、日向往還の宿場町として栄えた蘇陽町馬見原の中心に架かる橋であった。昭和11（1936）年に建設されたもので、通称三河橋と呼ばれ町民に親しまれてきた。老朽化に伴う架け替えにあたり、新橋には町活性化の起爆剤となることが求められ、くまもとアートポリスの橋として計画された。単に視覚的に目立つモニュメントではなく、住んでいる地域の人々の心に育っていくようなシンボルとなること、さまざまな過ごし方が楽しめる憩いの場が求められたが、建築家 青木惇氏がその要望に見事に応えた。

橋の形は、歩行者の体験の連続性を保つことを考慮して決定されたもの。ただし、単なる交通のための橋ではなく、人々が自然に留まれる場としての橋に進化させることが試みられた。橋のたもとから中央にかけて次第に分かれる２枚の面―上面版と下面版―で構成される。主に車道としての上面版はシメナワのかかった夫婦岩の間に吸い込まれ、町で育てられた杉の板張で仕上げた下面版は「逆太鼓橋」として川面に近づき、ふたつの丸い穴から川を見下ろすことができる。構造としては、このふたつの面と柱によって、切れ目なく構成される一体的なものとなっている。専門的には、フィーレンディール橋という形式である。

DATA

上益城郡山都町馬見原滝上地内

規模 橋長：38.22m 幅：上部4.8m 下部6.75m

形式 鋼フィーレンディール橋

完成 平成７（1995）年

アクセス 熊本市内から国道218号を宮崎に向かい、山都町瀧上の信号を過ぎて約400mの交差点を右折、さらに細い道を約500m

周辺観光 夫婦岩　明神の本　馬見原商店街

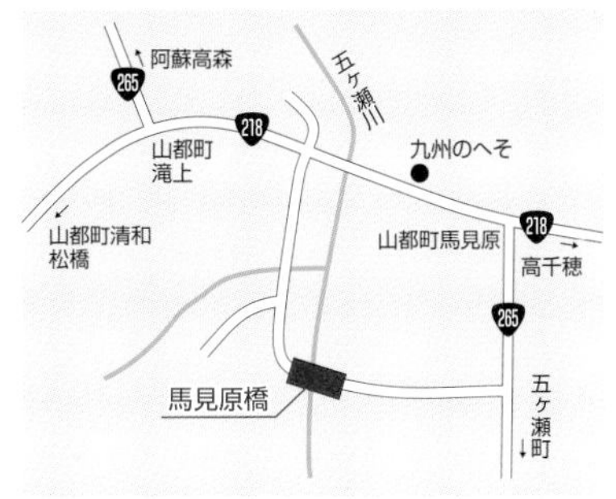

豆知識 5

橋に架かる荷重

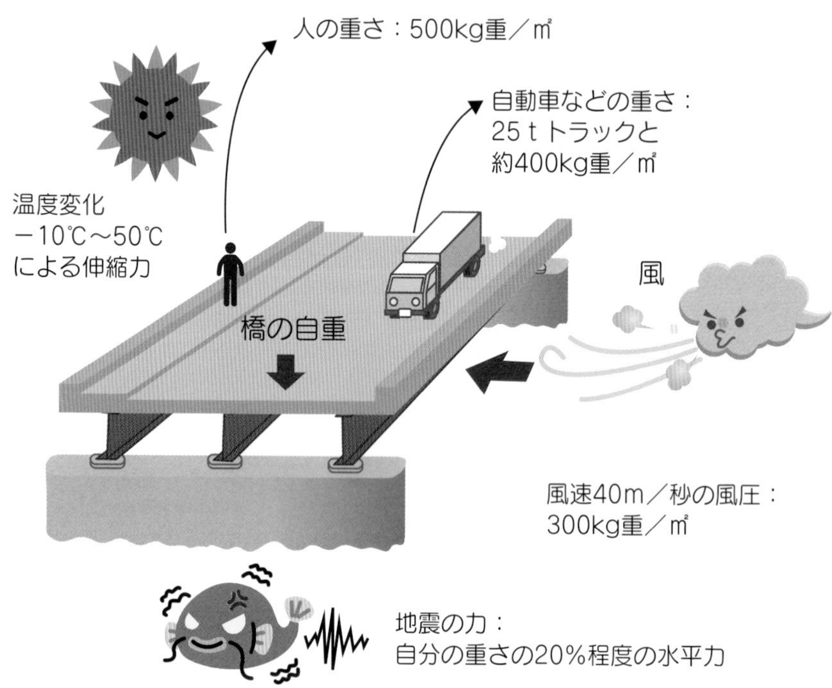

上図は、通常の橋（支間が200m以下）を設計する際に考慮される荷重の概略を示している。

- 自動車の重さは、橋面の車道部に25ｔトラックと乗用車が交互にほぼ隙間なく乗った場合でも安全な程度に考えられている。
- 人の重さ500kg重／㎡とは、１m四方の面積に８～10人が乗った場合を考えている。花火大会や祭りなどで群集が橋上を埋め尽くしても壊れないようになっている。
- 橋の自重は、鋼で7.85ｔ／㎡、コンクリートで2.5ｔ／㎡あり、長大な橋では、材料の強さの90%程度を自分の重さを支えるのに使うことになる。
- 風の力300kg重／㎡は、静的な圧力として考えている。長大な橋や細長くて揺れやすい橋では、風による動的な振動を模型実験等により確認することが行われる。
- 地震の力は、自体の重さに比例するので、重いコンクリート橋より、軽い鋼橋が有利となる。通常の橋は、上記の静的な力で設計するが、長大橋では、別途、動的な振動解析を行う。
- 物体は、温度変化により伸縮するが、伸縮が自由にできない場合、力が発生する。道路と橋の継ぎ目に櫛形の鉄板や目地（伸縮継手という）を設けてあるが、この隙間は、レールの継ぎ目の隙間と同じく、温度による伸縮を逃がすためのものである。伸縮継手は、走行時に騒音を発生する原因になるので、最近、継ぎ目のない橋を造る努力がなされている。
- 上記以外に、積雪地方では、100kg重／㎡ 程度の雪荷重を考えている。

V．宇土半島・天草の橋

72 天城橋（左）と天門橋

所在地MAP

宇土半島・天草の橋

橋名称の文字色は素材を表わしています。
赤＝鋼　灰＝コンクリート　茶＝石

83. 通詞大橋

79. 天草瀬戸大橋

80. 本渡瀬戸歩道橋

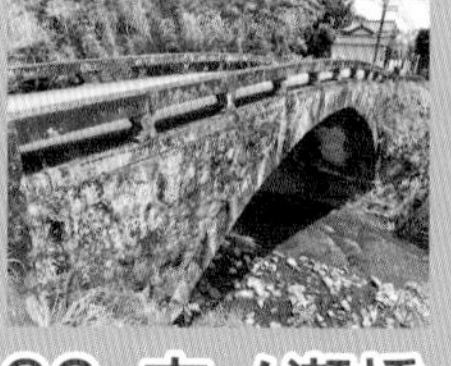

82. 市ノ瀬橋

81. 祇園橋

84. 施無畏橋

47

44

上天草市

天草市

85. 楠浦眼鏡橋

266

86. 牛深ハイヤ大橋

87. 通天橋

72. 天門橋と
天城橋
71. 三角西港の橋
57
68. 船場橋
266
70. 第四波多川橋梁
69. 戸馳大橋
76. 西大維橋と東大維橋
77. 野釜大橋
234
266
73. 大矢野橋
74. 中の橋と前島橋
78. 樋島大橋
75. 松島橋
は天草五橋（72～75）

68 船場橋（宇土市）

宇土市船場町

ピンクの馬門石の石橋

船場橋は宇土市の中心部、本町商店街近くの船場川に架けられている。輪石は馬門石（参考参照）で、壁石は安山岩で造られているのが特徴である。単一アーチ橋で橋長13.7m、幅4.1mのアーチ部分が美しい半円を描いている。架橋は、文久3（1863）年頃といわれており、石工は不明である。江戸時代、船場橋付近は宇土中心部への入り口だった場所で、船着場として整備された。船着き場の遺構である石段も十数カ所残っている。周辺には宇土細川藩蔵屋敷や船手奉行屋敷など武家屋敷もあったので、様々な積荷が舟から降ろされ賑わいを見せていたと伝えられている。

また、橋の脇には江戸時代に造られ、今でも一部使用されている「轟泉水道」末端の井戸もある。

平成28（2016）年の熊本地震で欄干部分だけ損壊したが、平成30（2018）年4月修復工事に着工。橋のアーチ部分を支える木枠「支保工」を使う伝統的な技法で石を組み直し、令和2（2020）年3月完了、地元住民による渡り初めの後、これまで同様に人道橋として利用されている。

〈参考〉馬門石は、宇土市網津町字馬門付近で産する阿蘇溶結凝灰岩の一種である。阿蘇溶結凝灰岩は、多くの石造アーチに用いられている岩種で通常は灰色から黒褐色であるが、馬門石は赤みを帯びたピンク色である。20年ほど前に、大阪の今城塚古墳（継体天皇）や奈良県の植山古墳（推古天皇）の石棺が馬門石製であることが判明し、ニュースとなった。古墳時代に800km以上も離れた大和の地に運ばれていた可能性があるという、ロマンを掻き立てる「謎の石」ともいわれる。

DATA

宇土市船場町

規模 橋長：13.7m 径間：10.0m 幅：4.1m

形式 単一石造アーチ

完成 文久３（1863）年頃

宇土市指定有形文化財

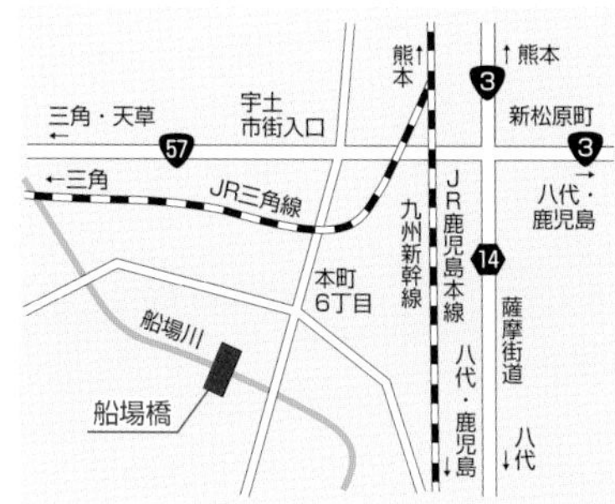

アクセス 熊本市から国道３号を南下、三角・天草方面へ右折して国道57号に入りしばらく進む。土市街入口交差点を左折し、およそ10分程で船場川に至り、右側に薄いピンク色欄干の船場橋が見える

周辺観光
・宇土城跡（宇土市神馬町）小西行長によって築城された平山城。城山公園に本丸跡が整備され行長の銅像あり。宇土駅から車で約８分
・轟水源（宇土市宮庄町）宇土駅から車で10分程

69 戸馳大橋（とばせおおはし）

宇城市三角町―戸馳島

離島を解消し、花の島戸馳を造った橋

天草五橋が開通した昭和41年以降、天草上島や下島の各島々では架橋工事が行われるようになり、船舶で結ばれていた天草は車による通行が可能となった。戸馳（とばせ）島は、正確には天草ではないが、人口は約1,200人、周囲16.5kmの八代海の北部に位置する島で、天草の東端の宇城市（三角町）に属する。三角町と戸馳島間に架けられた戸馳大橋の開通（昭和48年）により離島ではなくなった。旧橋は鋼ランガー桁橋で朱色のアーチがコバルトブルーの海に映える美しい橋であったが老朽化や耐震性が問題となり、平成25（2013）年から架け替え工事が進められ、平成31年３月に新しい橋が完成した。橋長295mで片側１車線の鋼桁橋である。

島内には「みすみフラワーアイランド」などがあり、花の栽培が盛んで花の島といわれている。私ごとであるが、著者（﨑元）は、大阪大学から熊本大学に赴任してきた年に、旧橋の開通式に臨席する機会を得た。その日は、島内の小学校（今は廃校となっている）は休校で、生徒たちの鼓笛隊が満面の喜びとともに行進して橋を渡る姿を見て感動した。

都会で無造作に造られる高速道路の橋よりも、離島を解消する橋の方がずっと重要なのではないかと強く印象づけてくれた記念すべき橋であった。

旧橋（右）は2019年度末に撤去された

DATA

宇城市三角町－戸馳島

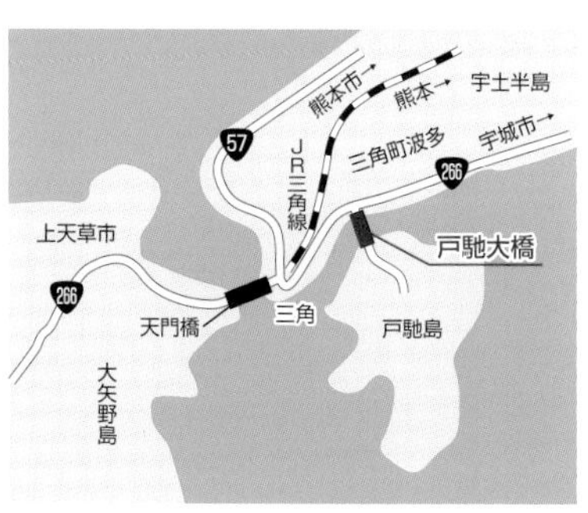

旧橋

規模　橋長（径間）：300.7m（87.6m）幅：5.5m

形式　鋼ランガー桁橋＋鋼桁橋

完成　昭和48（1973）年

新橋

規模　橋長：295.0m 幅：9.5m（車道7.0m＋歩道2.5m）

形式　５径間連続鋼桁橋

完成　平成31（2019）年３月

アクセス　宇城市松橋から宇土半島の南（八代海側）の国道266号を西へ、三角町黒崎（三角港から2.5km手前）から左折して戸馳島に渡る橋

周辺観光　三角海浜公園　若宮キャンプ場　海水浴場　花のがっこう（入館料：無料　駐車場有）

70 第四波多川橋梁（だいよんはたがわきょうりょう）

宇城市三角町波多

明治の鋼桁橋を補強して使う

当初九州を南北に縦断する九州鉄道の終点として計画された三角線は、終点を八代とする路線の変更や資金難を経ながらも、明治32（1899）年に建設工事を終え、同年12月に開通した。この鉄道線は大きな河川を渡らないため、架けられた橋梁も小規模で、支間長は９m程度であった。上部構造にはドイツ・ハーコート社製造の上路式鈑桁が採用され、下部構造は煉瓦造。三角線でも、大正14（1925）年頃には機関車の大型化（D50級）に対応する必要が生じたため、九州鉄道が敷設（ふせつ）して軌条（きじょう）はアメリカ・カーネギー社製に交換された。強度不足の桁については、関東大震災（大正12年９月）後の復興中であった当時の経済事情から、新桁への架け替えが行えるような状況になかったため、在来桁を補強して強度の向上を図ることとなった。その一つの方法がフィンクバーを用いたフィンク補強桁である。石内ダム駅ー波多浦駅間に架設されている第四波多川橋梁（三角町）は明治32（1899）年完成当時の桁であり、現在ではほとんど見ることができなくなった数少ないフィンク補強桁である。（以上、戸塚誠司氏「熊本県下における近代橋梁の発展史に関する研究」より）

〈参考〉フィンク：写真の桁端から斜め下方に伸びる斜材部分のことで、桁の下側に引っ張りに抵抗するトラス材を配して、曲げる力への抵抗を増加させたものである。

DATA

宇城市三角町波多

規模　橋長：8.0m程度 支間：7.6m程度 幅：単線

形式　鋼桁をフィンクにより補強

完成　鋼桁　明治32（1899）年
フィンク補強　大正14（1925）年頃

アクセス　三角から国道266号を東進、戸馳大橋の手前を左折、三角中学横を通って、北上すること約３km、三角線が八柳川を渡る所

周辺観光　三角港　三角西港　戸馳島

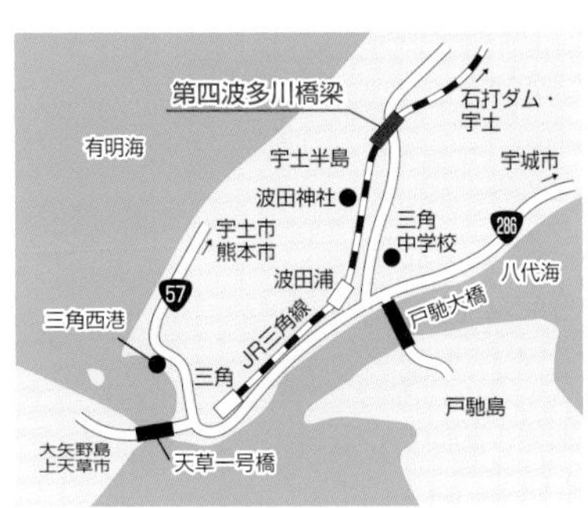

71 三角西港の橋

みすみにしこうのはし

宇城市三角町 三角西港

世界文化遺産を構成する四つの石橋

三角西港は、明治20（1887）年に明治政府の国内統一殖産振興の政策に基づいて、オランダ人水理工師のローウェンホルスト・ムルドルの設計と、天草の熟練した石工たちの施工により建設された。当時の最新の技術が盛り込まれ、近代国家の威信を懸けた明治三大築港の一つである。熊本県の貿易港として九州一円にその名を知られた港と、新たに造られた都市部があり、どちらも当時の最新の技術を用いて造られた。

三角西港の特筆すべき点は、山を削り海面を埋め立て、近代的な港湾都市を建設したことである。756mにもおよぶ石積みの埠頭や水路、建造物などは築港後1世紀の歴史を持ちながら今なお厳然としてたたずまいを見せている。このように当時の都市計画がほとんど無傷のままで残っているのは全国的にも珍しく、文化財的にも国際的にも価値ある生きた港として、平成14（2002）年12月、国重要文化財に指定された。また、平成27（2015）年には「明治日本の産業革命遺産」の一つとして、世界文化遺産に登録された。

三角西港全景

一ノ橋、二ノ橋、三ノ橋、中ノ橋はいずれも、この港湾都市を構成する石造りの道路橋で、道路幅は築港当時から約11mある。一ノ橋、二ノ橋、中ノ橋は現在も国道57号の橋として供用され、三ノ橋は県道上の橋として供用されている現役の道路橋である。石造りの埠頭、排水路、後方水路などとともに国の重要文化財に指定されている。

一ノ橋

二ノ橋

三ノ橋

中ノ橋

DATA

宇城市三角町 三角西港

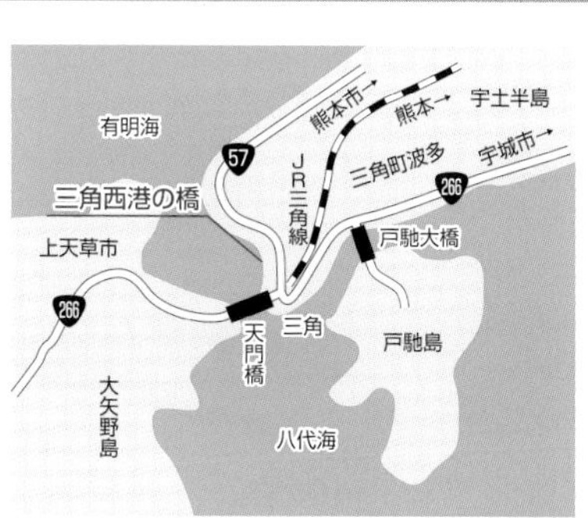

一ノ橋 規模 橋長：2.4m 幅：9.2m

二ノ橋 規模 橋長：4.0m 幅：9.9m

三ノ橋 規模 橋長：4.1m 幅：9.0m

中ノ橋 規模 橋長：3.0m 幅：8.3m

形式 石造の桁橋

完成 一ノ橋のみ明治18（1885）年　他は明治20（1887）年

国指定の重要文化財

アクセス 宇土市から国道57号を三角・天草方面へ進み約20分程

周辺観光 世界文化遺産「三角西港」各施設　天草五橋　三角港

72 天門橋(てんもんきょう)と天城橋(てんじょうきょう)

宇城市三角町—上天草市大矢野町

キリシタンの島・天草への動脈（天草五橋1号橋）

昭和11（1936）年12月熊本県議会において後の大矢野町長森慈秀氏は大矢野町と三角に橋を架け地域格差をなくし島を発展させるべき、との構想を説いた。第2次世界大戦後の混乱期を経て昭和28（1953）年に離島振興法の指定地域となったことを機に、再び架橋構想が提案され（蓮田敬介県議会議員）、昭和37（1962）年着工、昭和41（1966）年9月、天草島民20万人の悲願が実り、三角と天草上島の松島町間が五つの橋で結ばれた。

これらの橋は、天草五橋、天草パールラインと呼ばれ、地域の観光や経済発展に寄与した。この天草五橋の実現は、天草樋島村長、初代竜ヶ岳町長、全国離島振興協議会副会長、天草振興協議会初代会長としての森國久氏の功績が大である。森慈秀県議会議員が夢を語り、森國久氏らが実現したというべきで、着工決定の1カ月前に過労により病死した森國久氏の業績の評価が期待される。関係者の尽力により平成30（2018）年熊本県文化功労者に選ばれた。

天草への入口1号橋天門橋は、通常の鋼より5割増し程度強い高張力鋼と高張力ボルトを初めて本格的に使用し、完成当時、連続トラスの支間として世界記録を更新した。また橋梁下の潮流も速く、橋脚も水深15mを超える地点に建てられたこと、二つの橋脚の上からトラ

天門橋

スを組み上げ、その後左右のバランスを取りながらトラスを伸ばして行くカンチレバー工法を用いたことなどが特徴である。

平成28（2016）年が天草五橋供用50周年であり、いくつかのイベントが実施されたが、同時に橋の法定寿命を全うしたことにもなる。交通量の増加などに対応するために、現橋の北側に並行して自動車専用道路の天城橋が着工され、平成30（2018）年5月に開通した。

天門橋

天城橋

天城橋（左）と天門橋

DATA

宇城市三角町—上天草市大矢野町

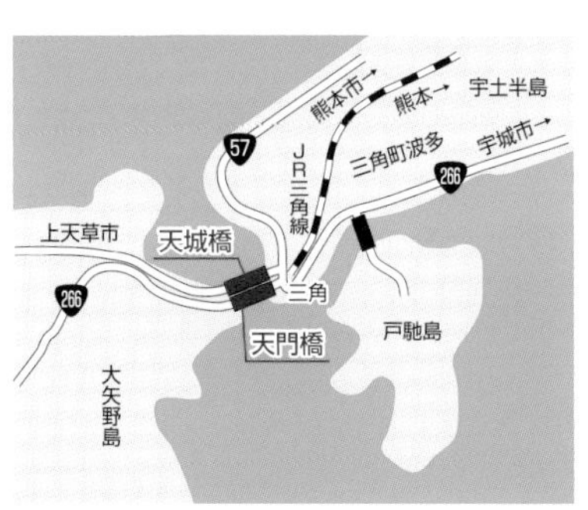

天門橋

規模 橋長：502.0m 支間：300.0m
幅：8.0m（車道6.5m＋歩道0.75m×２）

形式 ３径間連続鋼トラス

完成 昭和41（1966）年９月

土木学会田中賞、昭和41年（1966）年受賞

天城橋

規模 橋長：463.0m 支間：362.0m 幅：9.5m

形式 ソリッドリブ中路式鋼ＰＣ複合アーチ橋

完成 平成30（2018）年５月

アクセス 宇土市から国道57号へ入り、三角・天草方面へ向い約20分

周辺観光 三角西港

73 大矢野橋（おおやのばし）

上天草市 大矢野町（大矢野島）
一松島町（永浦島）

黄色いアーチ橋（天草五橋２号橋）

天門橋を渡って大矢野島に入り、島を横断し終わったところに黄色いアーチ橋（専門的にはランガー桁橋）が見える。これも、ランガー桁橋としての支間156mは、当時日本一を誇る橋であった。完成後、アーチとトラス桁を結ぶ吊材が風により、ねじり振動を生じるという目新しい現象が生じ、熊本大学の教授が研究を行った。橋の手前には公園があり、前述の大矢野町長森慈秀氏の銅像が立っている。

この橋を渡ると永浦島であるが、車をスローダウンして左への誘導路に入ると天草ビジターセンターの駐車場がある。駐車場から歩いて少し登ると天草ビジターセンターがあり、天草の豊かな自然や歴史を紹介する資料が展示されている。この永浦島は日本有数のハクセンシオマネキの群生地として有名で、自然観察会も開催される。また、展望休憩所も隣接しており海を臨む側には、天門橋のページで紹介した天草五橋の実現に貢献した森國久氏の銅像が令和３年秋に設置される予定である。

森慈秀氏の銅像（大矢野町側にある２号橋公園内）

天草ビジターセンター

森國久氏の銅像の
設置予定地

DATA

上天草市 大矢野町（大矢野島）—松島町（永浦島）

規模 橋長：249.1m 支間：156.0m
幅：8.0m（車道6.5m＋歩道0.75m×２）

形式 鋼ランガー桁

完成 昭和41（1966）年

アクセス 国道57号から国道266号を南下し大矢野島へ。大矢野島から永浦島へ渡る橋

周辺観光 天草松島温泉
天草ビジターセンター（合津6311-1）

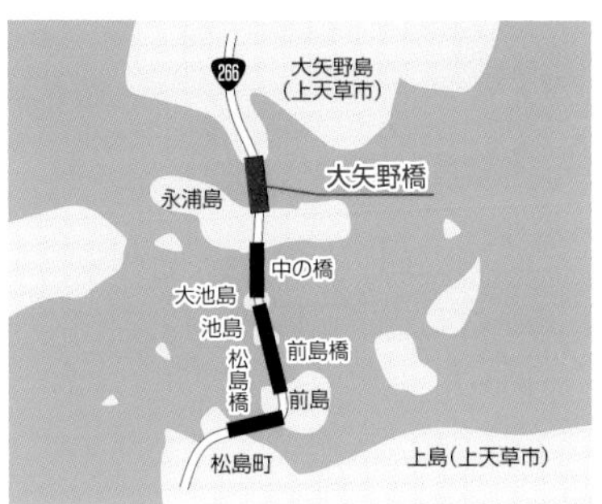

74 中の橋と前島橋

なかのはし　まえじまばし

上天草市松島町合津（永浦島―大池島）
上天草市松島町合津（大池島―前島）

ヤジロベー工法によるＰＣ橋（天草五橋３号橋・４号橋）

松島町に入ると海を見ながらのドライブとなるが、永浦島と大池島を結ぶ中の橋（天草五橋３号橋）にさしかかる。形式は、３径間連続プレストレストコンクリートラーメン橋というもので、路面の上には何もないので、橋と気づかない人もいるかもしれない。ドイツが特許を持つディビダーク工法という方法を日本で初めて本格的に使用して造られた。この工法は、橋脚を先に造り、その両側に型枠と支保工の役目をするワーゲンを用いて、左右のバランスを取りながら張り出してコンクリート桁を伸ばしていくので、ヤジロベー工法とも言われる。中の橋の最大支間160.0mは当時世界第２位、東洋一であった。

中の橋を渡るとすぐ前島へ渡る前島橋（天草五橋４号橋）を通る。橋長は510.0mで、五橋の中では一番長い橋である。前島橋も中の橋と同じ形式で同じ工法で作られた。中央支間146mは、当時世界第４位であった。

中の橋

前島橋

DATA

中の橋 上天草市松島町合津（永浦島―大池島）

規模 橋長：361.0m 最大支間：160.0m
幅：8.0m（車道6.5m＋歩道0.75m×２）

形式 ３径間連続プレストレストコンクリートラーメン橋

完成 昭和41（1966）年

前島橋 上天草市松島町合津（大池島―前島）

規模 橋長：510.0m 最大支間：146.0m
幅：8.0m（車道6.5m＋歩道0.75m×２）

形式 ５径間連続プレストレストコンクリートラーメン橋

完成 昭和41（1966）年

周辺観光 海中水族館シードーナツ（松島合津6225-7）

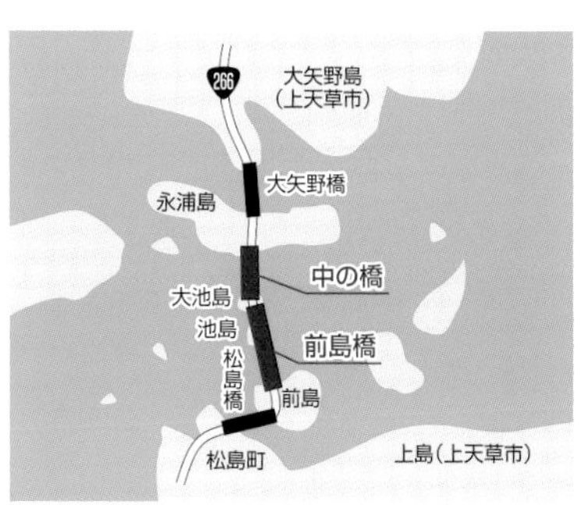

75 松島橋（まつしまばし）

上天草市松島町合津（前島―合津）

海のブルーに映える赤い鋼アーチ橋（天草五橋5号橋）

五橋の最後は、前島と天草上島を結ぶ松島橋（５号橋）である。形式は、鋼2ヒンジリブアーチ橋で、赤い鉄パイプの橋は五橋の観光写真によく登場する。この橋も上路式であるので、気づかぬうちに通り過ぎる可能性がある。この橋を渡ったところから登る標高162mの千巌山（せんがんやま）展望台から天草五橋全景が見渡せる。

５橋で構成される天草パールラインは、32億円の巨費と４年半の歳月をかけて完成した。建設当初、日本道路公団（当時）が管理する有料道路として供用し、30年間で建設費用を償還する計画であったが、予想を超える観光客の来島と産業の飛躍的発展の結果、９年という短期間で償還を終えて無料道路となった。このことだけを見てもこの架橋がいかに時宜を得たものであったかを証明している。島々を橋で結んで離島を解消し、地域の産業、観光を振興するという意味では、後の本州四国連絡橋の先駆的成功例とも考えられた。

「よかとこ BY 九州」㈱システム工房より転載

同左より転載

DATA

上天草市松島町合津（前島―合津）

規模 橋長：177.7m 支間：126.0m
幅：8.0m（車道6.5m＋歩道0.75m×２）

形式 鋼２ヒンジリブアーチ

完成 昭和41（1966）年

周辺観光 千巌山展望台

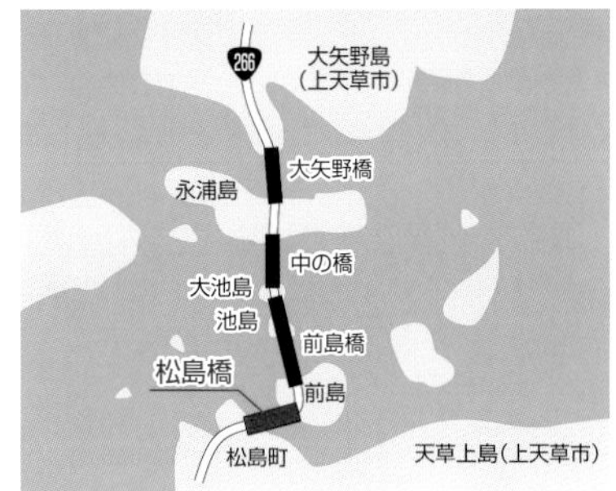

76 西大維橋(にしおおいばし)と東大維橋(ひがしおおいばし)

上天草市大矢野町
（大矢野島—野牛島）
上天草市大矢野町
（野牛島—維和島）

維和島に渡る二連鋼ランガー桁橋と吊橋

西大維橋
左下は橋面と橋名柱

西大維橋と東大維橋の二つの橋は、大矢野島と維和島間に架けられている。西大維橋は、大矢野島と手前の野牛島(やぎゅうじま)に昭和49（1974）年に架けられており、東大維橋は、維和島手前の野牛島と維和島に昭和50（1975）年に完成している。両橋ともすでに35年余り経過しているがともに美しい橋である。特に、東大維橋は、夕日の撮影スポットとして知られている。また、維和島では明治38（1905）年に全国で初めてクルマエビの養殖が行われており、現在でもクルマエビが町の特産品となっている。

形式は、西大維橋が２連鋼ランガー桁橋で、東大維橋は、鋼吊橋となっている。東大維橋の野牛島側の側径間は、大きく曲げられている。

これは、直下にクルマエビの養殖場があり橋台を造れなかったためである。養殖場の移設は、クルマエビの生態から困難であり、かつ費用がかかるので、橋の方を曲げたというわけである。この地域でのクルマエビ養殖の重要性がうかがわれる。

維和島周辺は小島が連なる風光明媚なところなので、天草のドライブに際しては、ぜひ立ち寄りたい穴場である。

東大維橋

架橋記念碑

DATA

西大維橋 上天草市大矢野町（大矢野島―野牛島）

規模 橋長：238.0m 支間：118.0m×２ 幅：4.5m

形式 ２連鋼ランガー桁橋

完成 昭和49（1974）年

東大維橋 上天草市大矢野町（野牛島―維和島）

規模 橋長：380.0m 支間（主塔間）：264.0m 幅：4.6m

形式 単径間２ヒンジ鋼吊橋

完成 昭和50（1975）年

アクセス 維和島へは、熊本市街地から車で約１時間20分。三角から天門橋（１号橋）を渡り、大矢野へ入り国道266号を進み、ショッピングセンター「CAMON（キャモン）」手前の道を左折、大矢野高校のところをまた、左折ししばらく進むと「西大維橋」が見える

周辺観光 天草五橋観光
花公園（維和櫻）展望所
蔵々窯（陶芸体験、陶芸教室）
千崎古墳（大矢野町維和、積石塚箱式石棺５群27基）

77 野釜大橋（のがまおおはし）

上天草市大矢野町上
（大矢野島―野釜島）

風光明媚な野釜島に渡るＰＣラーメン橋

この橋は、大矢野島西方の野釜島（のがましま）の離島を解消したプレストレストコンクリート橋である。形式はＰＣラーメン橋で昭和55（1980）年に完成した。野釜島には海水浴場とキャンプ場があり、夏季には海水浴客で大賑わいし、また天気がよい日には長崎の島原の山々も遠望できるなど風光明媚な島である。

DATA

上天草市大矢野町上（大矢野島―野釜島）

規模　橋長：295.0m
幅：8.25m（車道6.25m＋両側に１ｍの歩道）

形式　４径間連続プレストレストコンクリート（ＰＣ）ラーメン橋

完成　昭和55（1980）年

アクセス　国道266号を進み、左に天草四郎ミュージアムのある信号を右に曲がり、海岸沿いの道を約3km

周辺観光　八福キャンプ場　唐船ケ浜海水浴場

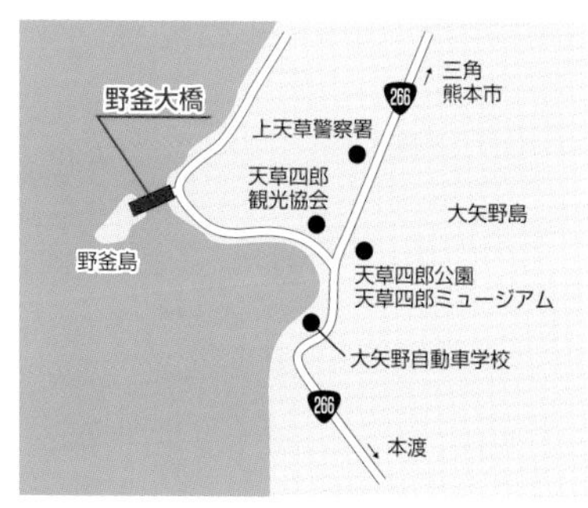

78 樋島大橋（ひのしまおおはし）

上天草市龍ヶ岳町（坊主島ー樋島）

信号機付きの珍しい吊橋

樋島大橋は、上天草市龍ヶ岳町の椚島（くぐしま）と坊主島を経て樋島へ渡る全長290.9mの吊橋で、橋幅が4.5mと狭いため信号機による交互通行となっている。

島にある砕石場へのダンプカー等の大型車の通行を円滑にするため、信号機が付けられたとのことである。樋島は、人口約1,500人、周囲約14kmの島で、クルマエビ、鯛、ふぐなどの養殖が盛んである。また、由緒あるお寺（この地域の浄土真宗西本願寺派の総本山観乗寺）があり、アンモナイトやイノセラムスなどの化石も発見されている。他に、釣り場も豊富で 、昭和47（1972）年9月の橋完成以来、島は活気をみせている。

天草五橋（天門橋）のところで言及した天草五橋の建設に尽力した森國久氏は、樋島生まれで、樋島村長、竜ヶ岳町長であった。島民らが「早くこの橋を」とせっつくなか、天草五橋建造が先に行われた。天草五橋完成から6年後（國久氏の死後10年後）にこの橋が完成している。

橋を架けてしまうと離島でなくなり、離島振興法を適用して島内の道路整備などができなくなることを知っての戦略であったのだろうといわれている。

DATA

上天草市龍ヶ岳町（坊主島―樋島）

規模 橋長：290.9m 主塔間：174.0m 幅：4.5m

形式 単純鋼吊橋

完成 昭和47（1972）年

アクセス パールライン天草五橋を通って上島へ渡り東海岸を南下、龍ヶ岳町に入り、椚島（くぐしま）、坊主島と渡り樋島へ

周辺観光 パールサンビーチ（樋合海水浴場）

79 天草瀬戸大橋（あまくさせとおおはし）

天草市 志柿町―亀場町

船舶航行を確保するため両端はループ橋

この橋は、天草の上島と下島を繋ぐ全長約700mの橋であり、国道266号および国道324号に指定されている。

形式は桁橋であるが、瀬戸を航行する船舶を考慮して、海面からの高さを確保するため、橋の両端はループ橋となっている。本渡瀬戸に架かる橋としては３代目で、以前は自動車交通と船舶航行を両立させる可動橋が建設されていた。その後、昭和45（1970）年代に本渡瀬戸を航行する船舶と道路交通量の増加により交通渋滞が激しくなったため、新たな橋の建設が計画され、昭和49（1974）年５月に天草瀬戸大橋は完成した。

現在、本渡瀬戸をまたぐ交通ルートが天草瀬戸大橋のみで、慢性的な交通渋滞が発生していることから、その緩和並びに「熊本天草幹線道路」計画や「第２天草瀬戸大橋」等が熊本県や天草市で検討されている。

幹線道路第２天草瀬戸大橋　完成予想図

第２天草瀬戸大橋　路線計画図（赤線部分）

DATA

天草市 志柿町ー亀場町

規模　橋長：702.5m 最大支間：65.0m
幅：8.0m（車道6.5m＋歩道1.5m）

形式　鋼桁橋

完成　昭和49（1974）年５月

架橋・改修経過

大正12（1923）年、瀬戸橋として回転式の可動橋完成。
昭和35（1960）年、新瀬戸橋として両側から跳ね上げ式の可動橋完成。
昭和49（1974）年５月、天草瀬戸大橋完成

アクセス　天草五橋を渡り、国道324号を進み、天草市（本渡）に渡る瀬戸に架かる

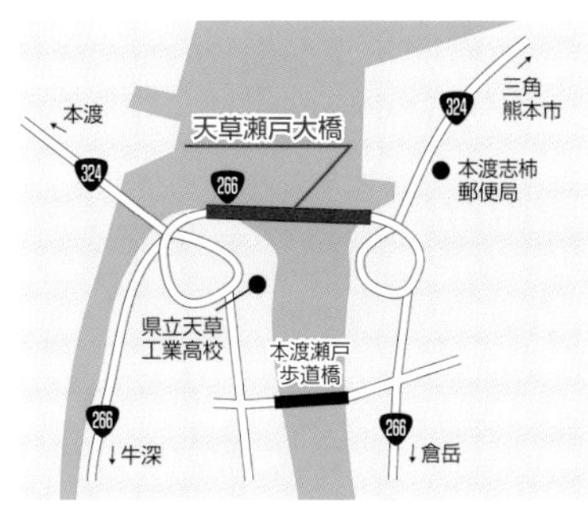

80 本渡瀬戸歩道橋

ほんどせとほどうきょう

天草市 志柿町ー亀場町

歩行者等専用の昇降式可動橋

本渡瀬戸に「天草瀬戸大橋」があるが、路面が高く歩いて渡るのが困難なため、歩行者、自転車用として建設され、昭和53（1978）年に完成した。

形式は昇降式可動橋であり、トラス桁をウインチで吊り上げて船舶航行を可能にしている。全長125m、可動部分は58m。赤で塗装されていることから通称「赤橋」と呼ばれており、歩行者、自転車専用であり、バイクも押して通行できる。

本渡瀬戸は、天草の上島と下島の間にある幅の狭い海峡であったが、干潮時には船の航行が難しかったので、昭和36（1961）年に、国の事業として、水深3.0m、幅30mの航路として整備された。その後、有明海から八代海へ抜けるルートとして活用されたがさらに船舶の大型化に対応するため、昭和55（1980）年までに、水深4.5m、幅50mの航路として整備された。

有明海から八代海に抜ける航路

DATA

天草市 志柿町―亀場町

規模 橋長：124.8m 昇降部：58m 幅：2.9m

形式 昇降式可動橋　鋼トラス

完成 昭和53（1978）年

アクセス 国道324号を進み、天草瀬戸大橋のループに入らず直進し、200m先の小道を右に入る

周辺観光 石橋群　切支丹館　鬼の城公園他

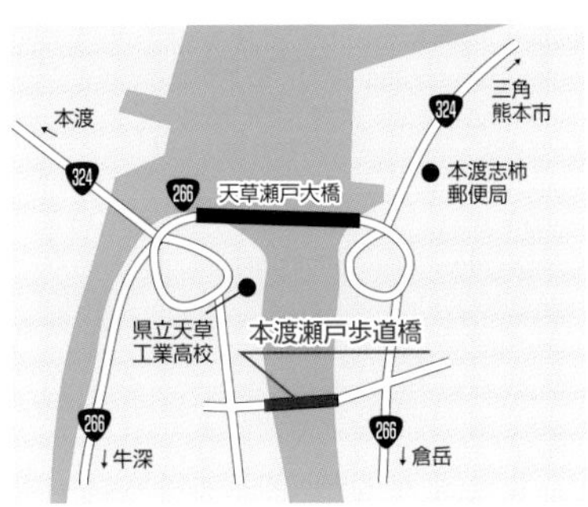

81 祇園橋（ぎおんばし）

天草市船之尾町

国内最大級の珍しい石造りの桁橋

架橋は天保３（1832）年で町山口川に架けられており、日本百名橋にも選ばれた国内最大級の石造桁橋である。建造には時の庄屋大谷健之助が発起して、地元銀主や町民の協力のもと切支丹殉教二百年祭を目途に着工し、完成したと伝えられている。

石桁は約30cmの角柱が５列９行あり、45本の柱脚によって支えられている。石材は下浦産の砂岩、石工も下浦の石屋辰右衛門。橋の近くには、寛永14（1637）年、島原・天草一揆で町山口川を挟んでキリシタン軍と唐津藩との死闘が繰り広げられた折、川原を埋め尽くした屍を弔うように「橋本徳壽」の歌碑が立っている。

「町山口川の　流れせきとめし　殉教者の　むくろ数百千にして　名をばとゞめず」

〈参考〉橋本徳壽：大正〜昭和時代の歌人（1894−1989）神奈川県出身、木造船舶技師。歌集『船大工』『ララン草房』『日本列島』等（日本人名辞典）

DATA

天草市船之尾町

規模 橋長：28.6m 幅：3.3m

形式 石造桁橋「多脚式」

石工 下浦村の石屋辰右衛門

完成 天保３（1832）年

国指定の重要文化財

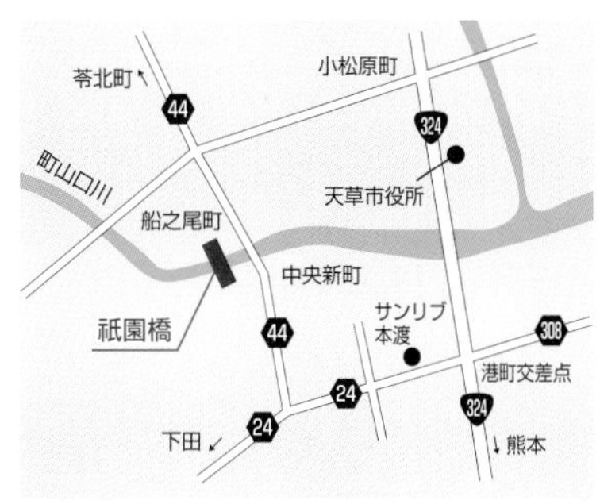

アクセス 国道324号で天草市街に入り、港町交差点（サンリブ本渡店手前）を左折して県道24号線へ入り二つ目の信号を右折、県道44号線が町山口川を渡る橋からすぐ左側に見える

82

市ノ瀬橋（いちのせばし）

天草市本町下河内

明治の石造眼鏡橋

この橋は、天草市本渡町から苓北（富岡）への旧県道が広瀬川を渡る所に架けられている。最初の橋は明治15（1882）年4月に建造されたが、同19（1886）年7月の洪水で倒壊したため、明治23（1890）年から翌24年頃に、現在の橋に架け替えられた。近くの県道47号線には新市ノ瀬橋が架けられているが、この眼鏡橋は、現在も生活道路として使用されている。

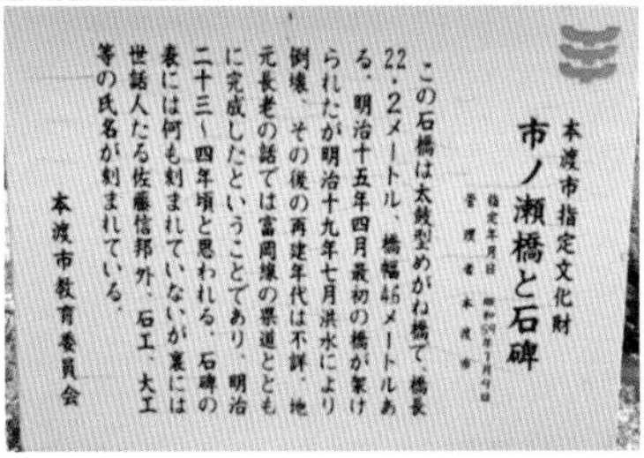

DATA

天草市本町下河内

規模 橋長：22.2m 幅：4.6m

形式 単一石造アーチ

石工 大塚光治他３名

完成 明治23（1890）年から翌24年頃

天草市指定有形文化財

アクセス 天草市本渡の中心街から県道44号線を3.3km北上、天草空港方面に左折。しばらく進むと左手に九州東邦㈱天草営業所がある。そこを過ぎてすぐ左に分岐する道に入り少し進むと石造アーチ橋がある

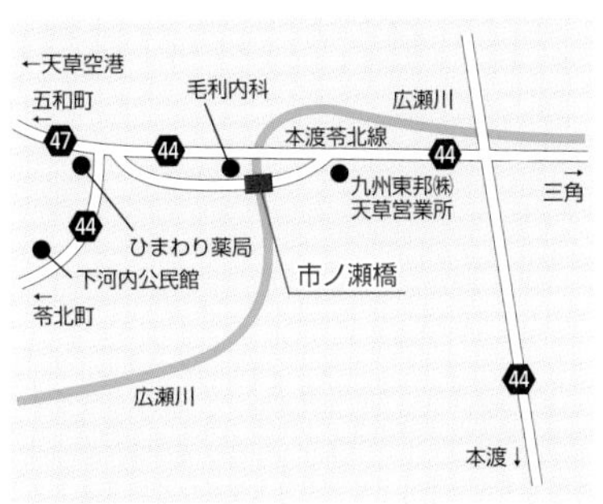

83 通詞大橋（つうじおおはし）

天草市五和町二江
（天草下島―通詞島）

「イルカと逢える島」へ渡る橋

この橋は、天草下島と五和町通詞島（つうじしま）の間に架けられた橋で昭和50（1975）年に完成した。形式は鋼ランガー桁橋で全長184m。通詞島は天草下島の北端にある島で、架橋までは狭い瀬戸を渡し船で行き来するという、のどかな島であったが、通詞大橋の開通により島を訪れる観光客も多くなった。特に、通詞島の沖合いは餌となる魚が多いことから、200頭以上のバンドウイルカが生息しており、観光の目玉としてイルカウォッチングが人気である。また島内には温泉や「総合交流ターミナル・ユメール」「天草市立五和歴史民俗資料館」などの施設もあり、製塩工程の見学や工房での塩作りの体験もできる。

「通詞」とは、通訳の意味であるが、通詞島という名がついたのは「中世の頃この島に南蛮貿易の通詞が住んでいた」という説や「遠洋漁業で外国語をマスターした漁師が住んでいた」などの話が伝えられている。

DATA

天草市五和町二江（天草下島―通詞島）

規模 橋長：184.0m 最大支間：80.0m
幅：5.0m（歩道0.75m）

形式 鋼ランガー桁

完成 昭和50（1975）年

アクセス 本渡から国道324号を北上し五和町を目指す。または、県道24号線から県道47号線を北上し、国道389号に突き当たって左折し、しばらく進むと通詞への標識があるので右折。バスの場合、本渡バスセンターから富岡行きで通詞バス停下車（約35分）

周辺観光 熊本県富岡ビジターセンター・富岡城
イルカウォッチング

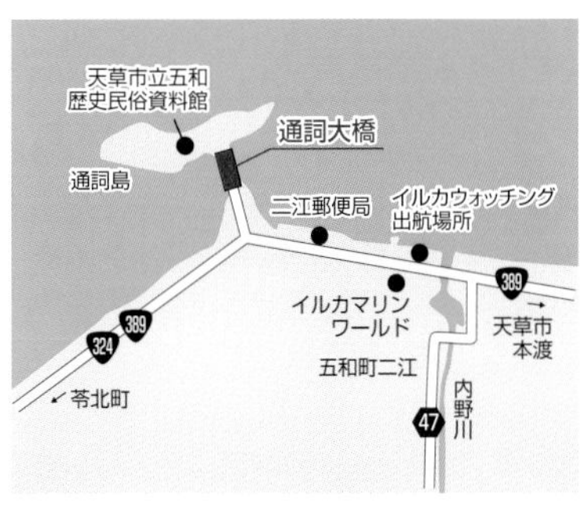

84 施無畏橋（せむいばし）

天草市本渡町本渡

無畏庵の参道橋

施無畏橋は、染岳（そめたけ）登山口にある「無畏庵（通称～橋かけ庵）」の参道に架けられている。

最初の橋は、明治4（1871）年に架けられたが、その後崩落したため、明治15（1882）年に現在の橋に再建された。

古くから染岳観音の参拝者に親しまれ、橋向のお寺は「橋かけ庵」と呼ばれるようになったようである。

染岳（380.3m）の山上にある染岳観音は、天慶4（941）年、弘法大師の法孫妙覚法印の開基と伝えられており、現在は曹洞宗であるが開基時は真言宗であり、中世天草における真言宗の中心であった歴史のあるお寺である。

橋を渡るとすぐ無畏庵がある

DATA

天草市本渡町本渡

規模　橋長：22.73m 径間：12.14m 幅：3.24m

形式　単一石造アーチ

石工　大塚光冶（下浦）他

完成　明治15（1882）年

熊本県指定重要文化財

アクセス　天草市本渡の中心街から県道24号線を下田方面へ向かい約3km、町山口川を渡り約500m、左側吉盛額縁店の先にある染岳と施無畏橋の案内看板の手前を左折し50mで石造アーチ橋が見える

周辺観光　楠浦の眼鏡橋　祇園橋　天草切支丹館他

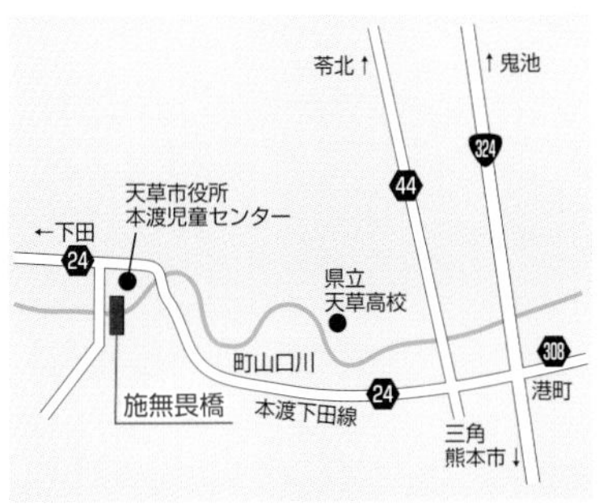

85 楠浦眼鏡橋（くすうらめがねばし）

天草市楠浦町字中田原

田園風景の中の太鼓橋

この橋は、楠浦と宮地（現新和町）を結ぶために方原川に架けられた石橋である。橋全体が緩やかなアーチを描いており、特に中央部は壁石がなく輪石のみとなっている。架橋にあたっては、第13代楠浦村庄屋宗方堅固氏の尽力により明治11（1878）年に完成した。石工は地元下浦の松次、打田の紋次、足場組枠大工は楠浦の和田茂七で、石材も地元の下浦石（砂岩）が使われている。他の石橋に比べてスマートで美しく、周囲の田園風景とよく調和しており、すぐ横にある楠浦諏訪神社の秋の大祭における神幸行列が橋を渡る様子は一見に価する。

〈参考〉下浦石と石工：本渡市下浦町は、昔から下浦石と呼ばれる石材（砂岩）の産地であり「石工の里」として石工文化が花開いた。宝暦10（1760）年、下浦に移り住んだ元肥前の国藩士、松室五郎左衛門が伝えた石工技術は、地元石工に受け継がれた。明治から平成に至るまで盛んになり、天草、熊本にとどまらず、九州一円の石工の大半は下浦出身で占められたといわれる。代表的なものとして祇園橋や、この楠浦眼鏡橋がある。

DATA

天草市楠浦町字中田原

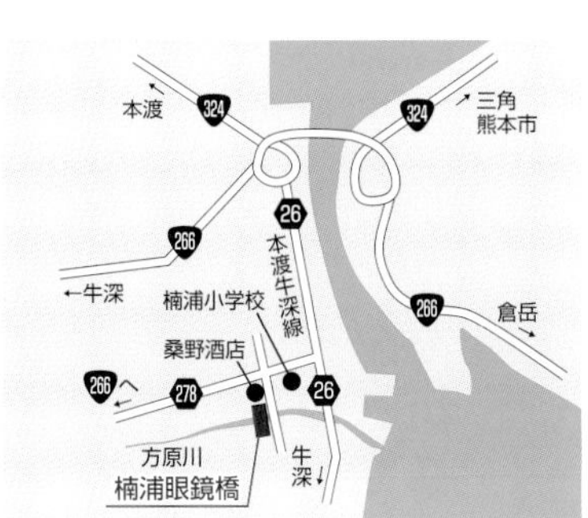

規模　橋長：26.33m　径間：14.32m　幅：3.05m

形式　単一石造アーチ

石工　松次（下浦）、紋次（打田）、足場枠組大工：和田茂七（楠浦）

石材　下浦石

完成　明治11（1878）年

熊本県指定文化財

アクセス　本渡方面の国道324号から県道26号線に入りしばらく進む。宮地岳方面へ行く標識に合わせて右折し県道278号線に入り進んでいくと十字路に出るので桑野酒店の手前を左折してしばらく行くと、方原川を渡る右側にある

周辺観光　祇園橋　施無畏橋

86

うしぶかはいやおおはし

牛深ハイヤ大橋

天草市牛深町

牛深漁港に浮かぶアートポリスの橋

熊本県のアートポリス事業は、著名なデザイナーに建築物の設計を依頼し、熊本県を建築のミュージアムにして、活性化につなげようと考えられたものであるが、ある段階から橋も含めることになった。この橋もその一つで、設計は関西空港の旅客ターミナルビルのデザインを手掛け日本でも有名になったイタリア人建築家のレンゾ・ピアノ氏と岡部憲明氏他である。

橋長が全長833mというのは、全長929mの「37. 西里大橋」に次ぐ長さであり、車道と両側の歩道を合わせた幅員は13.6mという巨大な造りである。「浮いているようなイメージを出したい」というデザイナーの意図が実現されていると同時に、「藍の天草」と呼ばれている自然景観と見事にマッチした美しい橋である。

形式は、７径間連続鋼床鈑曲線箱桁の構造で、施工期間は平成３（1991）年11月〜平成９（1997）年８月までの約６年間を要している。架橋後は、牛深漁港を跨ぎ水産加工基地のある後浜地区と、従来の漁港施設のある台場地区を結ぶ臨港連絡要衝橋として、また新熊本百景の一つとして牛深観光のメインスポットとなっている。

DATA

天草市牛深町

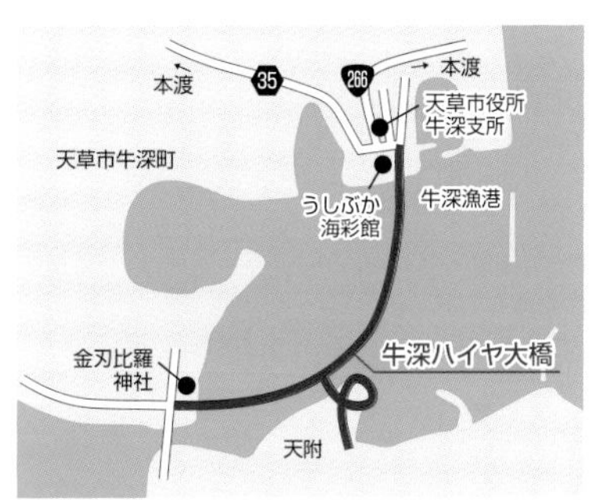

規模　橋長：833.0m
幅：13.6m（車道８ｍ＋両側に2.5mの歩道）

形式　７径間連続鋼床鈑曲線箱桁

完成　平成９（1997）年

土木学会田中賞

土木学会第１回景観デザイン賞

アクセス　天草市本渡町から国道266号を南下し牛深を目指して進み牛深漁港に出れば橋が見える

周辺観光　牛深海中公園グラスボート　軍艦長良記念館
遠見山公園他

87

通天橋（つうてんきょう）

天草市牛深町（天草下島−下須島）

天草下島と下須島を結ぶ赤いパイプのアーチ橋

通天橋は、昭和46（1971）年に牛深港の南側を形成している下須島と天草下島との間に架橋された。

牛深港は熊本県内最大の漁港で、現在下須島とは牛深ハイヤ大橋と通天橋とで結ばれている。通天橋は、赤いパイプのアーチ橋（専門的には鋼ローゼ桁橋）で橋長125.4mで、車がやっとすれ違うことができるくらいの橋であるが、天草下島と陸続きになり下須島住民の生活向上への貢献に大きなものがあった。

橋の近くには通天公園があり、牛深港の様子や周辺の島々が一望できる。ちなみに下須島の人口は、およそ1,500人、周囲34.2km。下須島周辺には戸島、法ケ島、片島（龍仙島）大島、黒島などの無人島や平瀬、烏帽子の洞窟、奇岩等の見物もできる（牛深港よりグラスボートが出航している）。

DATA

天草市牛深町（天草下島―下須島）

規模　橋長：125.4m 支間：85.0m 幅：6.5m

形式　鋼ローゼ桁

完成　昭和46（1971）年

アクセス　本渡から国道266号を45km 南下、牛深に出てハイヤ大橋を渡りきったところ。船便は長島（鹿児島県）・蔵々元～牛深港（40分）

周辺観光　ハイヤ大橋　牛深海中公園グラスボート　他

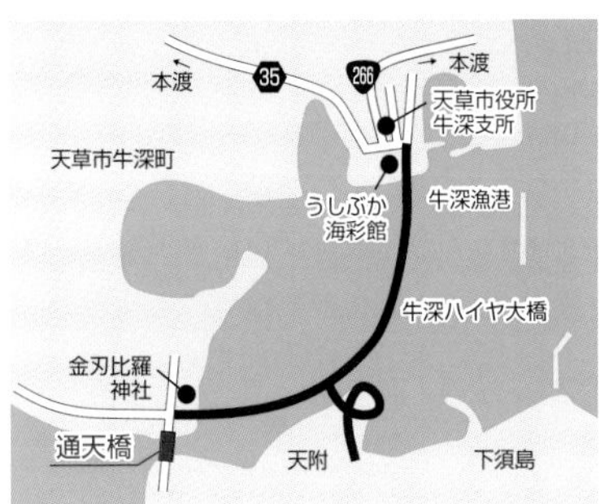

豆知識 6

橋は揺れても大丈夫?

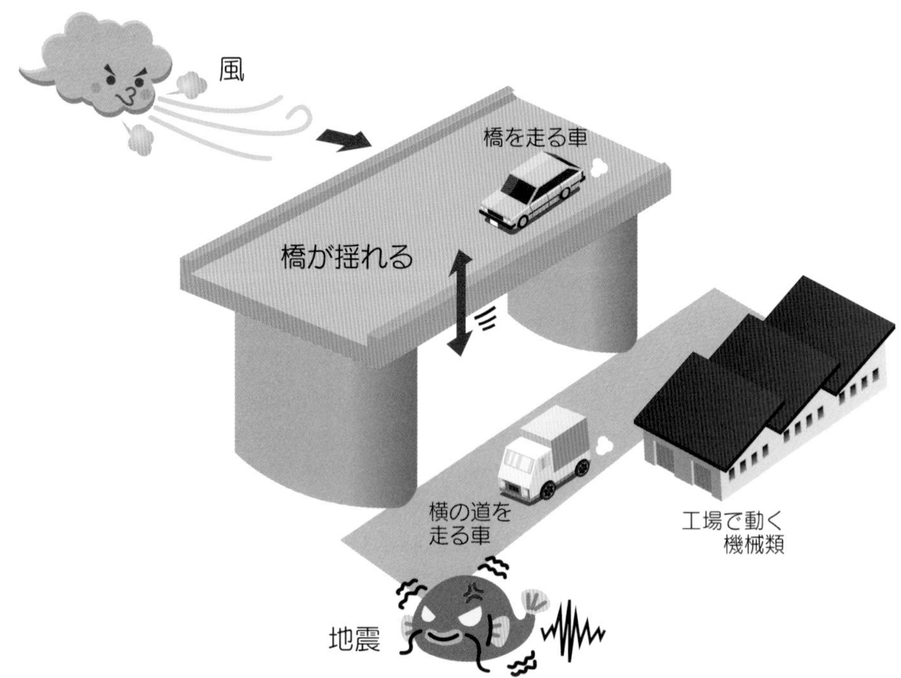

すべての物体は、力が加わると必ず振動する。近くを車が走ったり人が歩いたりすることにより、橋に限らず、建物全体や建物の床、あるいは工場の機械などすべてのものは人が感じるほどでなくても常に振動している。橋は、図のようにいろいろな原因（振動源）によって振動しているが、振動すること自体は何ら問題はなく、また、止めることもできない。問題になるのは、振動の大きさと継続性である。

物体が振動する時には、それぞれ物体固有の周期がある。たとえば、お寺の大きな釣鐘の場合、釣鐘の固有周期と同じ周期で押し引き続けると指一本でも目に見えるほどに揺らすことができる。この現象を共振という。歩道橋の上を人が歩く時、揺れを感じることがあるが、これも共振である。長さ40m程度の歩道橋の固有周期は0.5秒程度であるので、人の歩く周期と共振しやすいからである。

振動の大きさ（振幅）は、加振力と振動を抑える抵抗（減衰性能）によって決まる。通常の振動は、空気抵抗や部材間の摩擦などの抵抗によって、やがて収まる。橋が振動によって壊れないまでも、車が走りにくかったり、人が不快感や不安を感じるのは避けねばならない。また、一度の振動で壊れなくても、繰り返し振動を受けることにより、金属疲労という現象で橋の部材などに亀裂を生じることも避けねばならない。そこで、橋を造る際には、地震や風で壊れないようにする耐震設計や耐風設計とともに、耐疲労設計も考える必要がある。橋の振動を抑えることを制振というが、その技術として、減衰性能を高める装置を付加する方法などがある。

Ⅵ. 東陽町・五木・五家荘の橋

97 樅木の吊橋

所在地MAP

東陽町・五木・五家荘の橋

橋名称の文字色は素材を表わしています。
赤＝鋼　灰＝コンクリート　茶＝石

89. 白髪岳天然橋

宮原

88. 郡代御詰所眼鏡橋

3

90. 山口橋と蓼原橋

93. 白岩戸公園吊橋

247

25

91. 笠松橋

八代

至甲佐町
至砥用
443
445
94. 落合橋
96. 梅の木轟
公園吊橋
52
95. せんだん轟吊橋
国見岳
五家荘
97. 樅木の吊橋
宮崎県
五木村
92. 頭地大橋
445
至人吉

88 郡代御詰所眼鏡橋

ぐんたいおつめしょめがねはし

八代郡氷川町宮原

旧郡代御詰所前から移設された石橋

宮原町教育委員会によるたもとの説明板には、次のような解説がある。

「当地点より、約200m下流にこの石橋があった。八代郡代（幕府直轄の警察・租税・民政を取り扱う役人）の詰所（役人が勤めている所）のたもとに石橋があったので、『八代郡代の御詰所のめがね橋』と言われてきた。宮原町の昔は八代郡の行政的中心地であり参勤交代の通路になっていて河原町（竜北町）とともに在町*を形づくっていた。天保12年（1842年）ごろ、八代郡代の愛敬某という人が井手明神から上流に向かう路を開発したため宮原町は発達した。この石橋は種山（東陽村）から歩いてきて上宮に渡る大切な橋であった。昭和54（1979）年4月一の井手用水路改修のため当地点に移転復元された」。（一部改）

近くには、明神社眼鏡橋もある。

＊著者註　在町（ざいまち）とは近世の農村に成立した町

DATA

八代郡氷川町宮原

規模 橋長：12.5m 径間：6.5m 幅：2.67m

形式 単一石造アーチ

石工 不明

完成 天保年間

氷川町指定有形文化財

アクセス 国道３号を氷川町商工会館から国道443号へ進み、700m程行った右側の灌漑用水路に架かる

周辺観光 立神峡里地公園　道の駅「竜北」

89

白髪岳天然橋

しらがたけてんねんばし

八代市東陽町北字五反田

太古の天然橋に往時を偲ぶ

白髪岳天然橋は、東陽町の五反田公民館の裏手にある。集落の裏山にあるので、少し分かり難いが、長さ27.0m、高さ9.0mの自然石橋である。

公民館の横にある八代市教育委員会の説明板には、次の解説がある。「この天然橋は凝灰岩によって出来ている。土地の者は石橋と言ってここに遊び場を求めたものです。言い伝えによると白髪岳には白髪天神という神様が居られ、山から出られる際、『堤防の様な岩が横たわり出られない』とお悩みになった末、蹴りほかしてお通りになり、対岸の畑中の地にお座りになったと言うことです。種山石工の里に天然の石橋があることに因縁を感じるものです」。この天然橋の南側の国道443号沿いにこの伝説ゆかりの菅原神社があり、その傍らにも東陽まちづくり協議会の立てた案内板がある。そこには、上記の伝説に加えて、次の様な解説が加えられている。「この天然橋は9万年前に起こった阿蘇の火砕流と火山灰が堆積して溶結凝灰岩となり、長い年月の浸食によって現在のような形が作り出されました。言い伝えによると（中略）この菅原神社の裏の田んぼには蹴破ったときの破片と伝わる直径2m位の岩が残っています（肥後国誌より）」。

蹴破ったときの破片と言い伝えられる岩

DATA

八代市東陽町北字五反田

規模 橋長：27.0m 径間：18.0m 幅：1.5m 高さ：9.0m

形式 自然石アーチ

完成 推定二千数百年前

八代市指定天然記念物

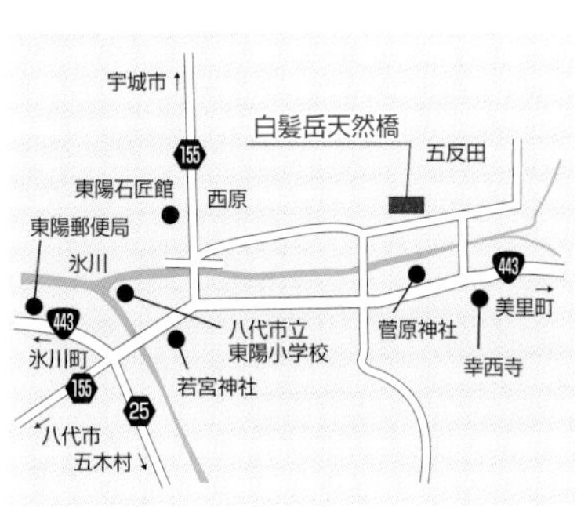

アクセス 国道３号を氷川町商工会館から左折し国道443号に入りしばらく進む。東陽郵便局を少し過ぎ十字路を左折。東陽小学校を左手に進み三差路を石匠館の方へ左折し、氷川を渡ってすぐの五差路を斜め右前方の道を進むと五反田公民館の横に説明板がある。公民館の右の小道を上ると見える

周辺観光 立神峡里地公園（氷川町立神648-4）
石匠館（八代市東陽町北98-2） 東陽交流センターせせらぎ

90 山口橋と蓼原橋

八代市東陽町河俣鶴下

鶴下集落の美生川に架かる眼鏡橋

緑川水系の美生川には、上流から「美生橋」「蓼原橋」「鶴下村中橋」「山口橋」の四つの橋が架けられている。

山口橋は、単一アーチ橋で嘉永年間に架設されたとの言い伝えもあるが、案内板によると大正4（1915）年頃と記されている。橋は岩盤の上に積み上げられ少し扁平に造られており路面はアーチ型になっている。輪石の加工精度が高く安定感がある。

蓼原橋は、美生川の上流から２番目の橋。大正３（1914）年に架けられた長さ20mを超える大きな石橋で、実質面を重視した堅固な造りとなっており、本来の橋幅1.98mがコンクリートで2.7mに拡幅され現在も地域の人々に利用されている。特に、石を扇状に積み上げた壁面が美しい橋である。

山口橋

蓼原橋

DATA

八代市東陽町河俣鶴下

山口橋

規模 橋長：10.97m 径間：11.68m 幅：1.59m

形式 単一石造アーチ

石工 川野賢蔵

完成 大正４（1915）年頃

蓼原橋

規模 橋長：20.14m 径間：11.20m 幅：1.98m

形式 単一石造アーチ

石工 川野賢蔵

完成 大正３（1914）年頃

アクセス 国道３号を氷川町商工会館から左折し国道443号へ進み、東陽町石橋公園から県道25号線を五木・大通峠方面に向かって３km程行くと鶴下集落がある。新鶴下橋を渡ると右側に山口橋が見え、さらに進むと蓼原橋が見える

91 笠松橋（かさまつばし）

八代市東陽町河俣

石工丈八は架橋後に橋本勘五郎を襲名

東陽町には多くの石橋が建造されているが、笠松橋は明治元（1868）年、石工橋本丈八により架橋された。丈八は架橋後の翌明治2（1869）年に橋本勘五郎を襲名している。大正元（1912）年の大水害で笠松側の壁石が流失し、補修した跡が見られる歴史のある石橋である。見るからに曲線の美しい単一アーチ式で、平成12（2000）年に市の有形文化財に指定されている。周辺には、棚田や整備された公園もある。

トピック：令和２（2020）年に、八代の63の歴史遺産が日本遺産「石工たちの軌跡の物語（ストーリー）」に認定されました。これは文化庁が平成27（2015）年に創設した制度で、地域の歴史的魅力や特色を通じて、日本の文化、伝統を語るストーリーを「日本遺産（Japan Heritage）」として国が認定するものです。

石工の郷に息づく石造りのレガシーとしてめがね橋46基、石工関係や干拓関係の文化財などで構成。本書で紹介している石橋の中では、この「91. 笠松橋」と「89. 白髪岳天然石橋」「90. 山口橋と蓼原橋」「94. 落合橋」「103. 新免目鑑橋と赤松第一号眼鏡橋」など多くの石橋が構成文化財に選ばれています。

DATA

八代市東陽町河俣

規模　橋長：27.5m 径間：14.0m 幅：3.5m

形式　単一石造アーチ

石工　丈八（橋本勘五郎）

完成　明治元（1868）年

アクセス　国道３号を氷川町商工会館から左折し国道443号へ入り東陽町へ進み、東陽町石橋公園前から県道25号線を南下、河俣郵便局から約１km

周辺観光　笠松橋公園

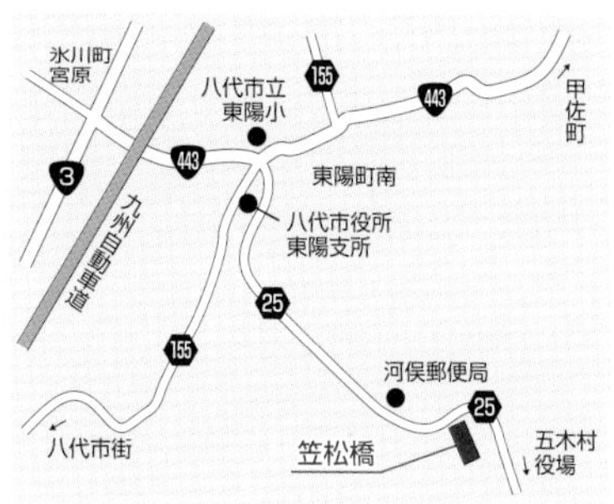

92 頭地大橋（とうじおおはし）

球磨郡五木村 高野一頭地

川辺川ダム湖を渡る予定だった橋

頭地大橋は、五木の頭地代替地と高野代替地を結ぶ橋で、平成25（2013）年3月に頭地地区に「主要地方道宮原五木線（頭地大橋）」として開通した。

この橋は、橋長487.0m、橋幅9.75m、最大橋高約70.0mの道路橋で、当初ダム湖に架橋される予定であったが、清流川辺川の自然を未来へ残すため、ダムの建設は中止されることになり、湖はできなかった。

ダム湖に沈む予定だった「子守唄の里」五木の中心部は、代替地の新頭地・新高野地区へ移転を余儀なくされていたが、そんな矢先にダム建設が中止となった。その後、地域の人々も新しい村づくりに悩んでいたが、頭地大橋の開通は、新たな観光資源として地域振興に与えた影響は大きかった、との声がある。大橋の下流1kmにもコンクリート橋があるが、その橋の高さ約70mからの「バンジージャンプ」は、五木の観光スポットとして期待されている。

大正15（1926）年竣工の頭地橋（手前）と頭地大橋

DATA

球磨郡五木村 高野一頭地

規模 橋長：487.0m 最大支間：約70m
幅：9.75m（車道片側１車線・下流側の歩道３m）

形式 ５径間連続ＰＣラーメン橋

完成 平成25（2013）年３月

総工費 約50億円

アクセス 熊本方面から国道３号を南進、氷川町商工会館から左折し国道443号に入り東陽郵便局を過ぎて、県道25号線を道なりに約30km（カーブ多い）進むと川辺川に架かっている

周辺観光 道の駅「子守唄の里」 五木温泉夢唄 白滝公園 大通峠他

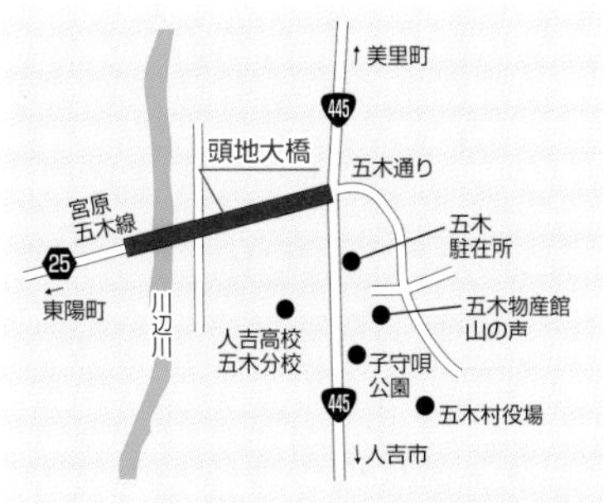

93 白岩戸公園吊橋

しろいわとこうえんつりばし

八代市泉町柿迫

氷川ダム上流の朱色の吊橋

白岩戸公園吊橋は、国道443号から県道52号線に入り、氷川ダムの右岸を通り上流に約2km進むと、緑濃い樹間の頭上に見える。泉町の入り口に当たることから、古い平家の栄華を偲ばせる朱色を採用したという。

かがり火をイメージしたといわれる塔の頂部から張られた主ケーブルが歩道となる桁を吊り下げているが、強風による揺れや吹き上げを防ぐための耐風ケーブルが桁を下に引いて安定させている。主ケーブルと桁と耐風ケーブルは、後出のあやとり橋（97. 樅木の吊橋）と同じくトラス状に結ばれており、全体として安定するように造られている。県道52号線横からと白岩戸公園側からの、どちらからも遊歩道を登り氷川を高さ40mの地点で渡ることができるが、架橋の目的が不明で、利用する人が少ないのは残念である。

DATA

八代市泉町柿迫

規模 橋長：56.0m 幅：1.0m 高さ：40.0m

形式 単径間無補鋼吊橋（人道橋）

完成 平成３（1991）年

アクセス 国道３号を氷川町商工会館から国道443号に入りしばらく進む。標識に従い県道52号線に入る。氷川ダムを右手に約２km進むと短いトンネルの上に見える。トンネルを出て100m地点の右側に、吊橋への遊歩道入り口の案内板がある。車はその先を右折し、白戸岩公園の駐車場に駐車できる。駐車場から白岩戸公園に入るとここからも吊橋への遊歩道がある

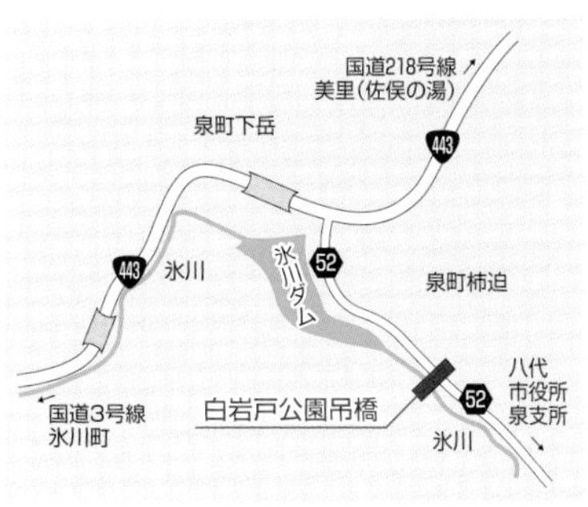

周辺観光 ふれあいセンターいずみ（泉町下岳） 左座家（泉町仁田尾）

94

落合橋

八代市泉町柿迫

五家荘への入口、泉町の中心部にかかる橋

落合橋は、五家荘の入口、泉町柿迫の中心部を流れる氷川に架かる長さ20mの大型単一アーチ石橋である。

架橋は明治初期に種山の石工集団により建造されたとの説もあるが定かではない。現在、路面はコンクリートで拡張、補修され今も交通の要の橋として利用されている。

DATA

八代市泉町柿迫

規模　橋長：20.0m 径間：15.0m 幅：4.6m

形式　単一石造アーチ

石工　不明（種山石工集団？）

完成　弘化４（1847）年、または明治12（1879）年頃

アクセス　国道443号から県道52号線に入り約3.7km、八代市役所泉支所を過ぎ県道247号線を進み氷川を渡る橋。橋を渡ってすぐ右が旧泉第二小学校（現在はコミュニティセンター）である

周辺観光　久連子古代の里（泉町久連子72）
平家の里（泉町椎木160-1）他

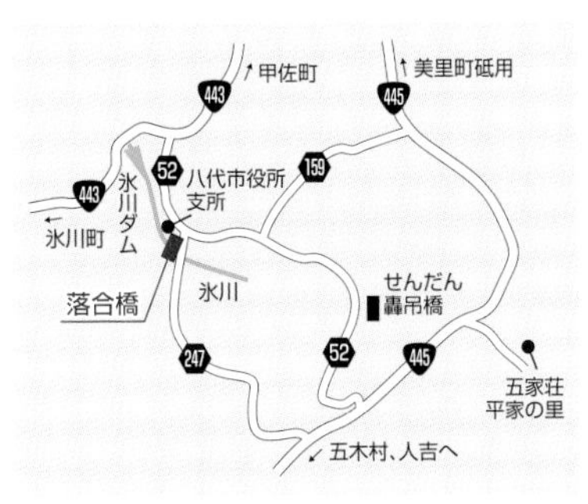

95 せんだん轟吊橋

せんだんとどろつりばし

八代市泉町柿迫

せんだん轟森林公園にある珍しい形の斜張橋

橋の下に泉町が平成５年３月に設置した「せんだん轟吊橋の由来」という説明板に次のような解説がある。

「江戸時代の末期、海の天草と五家荘は天領と呼ばれ天草の富岡代官所より五家荘へ踏絵巡検に代官が訪れていた。天保７年、今から115年前にこの五家荘の巡検に内藤子興と呼ばれる俳人が同行し、『五箇荘紀行』という紀行本を書いている。この本は現在、東京の国立公文書館に保有してあり24枚の挿絵がカラーで綿密に描かれ、人魚や魚、鳥などの描写からして当時の状況が非常によく判断できるものである。この挿絵の中に、2頁に亘る「釣橋の図」が書かれ「釣橋や親持つ身には汗おほき」の句が詠まれています。これを参考にして本村伝来の吊り橋のイメージを生かすべく当時の橋により近づけるために支柱に使用されている樹木の代わりに鋼管を斜張状に、橋をつるした「かずら」の代わりにワイヤに替えてつるす方法、又、床版の部分を弓型に盛り上げる型式とした。いわゆる、中央部が盛り上がり両サイドの樹木から吊り下げた方法を基調として基本設計をし工事を行いました」

『五箇荘紀行』の挿絵

落差70mの豪壮なせんだん轟の滝は勇壮で、新緑や紅葉の時期には多くの観光客で賑わいをみせている。

DATA

八代市泉町柿迫

規模　橋長：38.0m　幅：1.0m

形式　単径間鋼斜張橋

完成　平成４（1992）年

アクセス　国道３号を氷川町商工会館から左折し国道443号を約14km進み、右折して県道52号線に入る。氷川ダムを右に、曲がりくねった狭い山道を約25km、泉町柿迫を進むとやがてせんだん轟の滝の駐車場がある。駐車場からさらに約２km進み、梅檀（せんだん）轟の滝展望所の手前400m右側に橋へ降りる小道がある

周辺観光　梅の木轟公園　椴木吊橋　五家荘他

96 梅の木轟公園吊橋

うめのきとどろこうえんつりばし

八代市泉町葉木

川辺川の支流谷内川を渡る白いリボン

泉町は、九州中央山地国定公園、五木・五家荘県立公園の指定を受ける自然豊かなところである。中でも五家荘は平家落人の伝説が今に伝えられる、ロマンに満ちた秘境である。梅の木轟（“とどろ”は滝の意）は山深い渓谷にあり、その入口には高低差50mの峻険な谷が立ちはだかっており、長年の間「幻の滝」といわれていた。

最大の難所であったこの谷（谷内川）を克服し「梅の木轟」の変容する四季の美しさを多くの人々に知ってもらうために平成元（1989）年、この橋は架けられた。形式はＰＣ吊床版橋で長さ116.0mあり、両岸の橋台からほぼ水平に渡したザイル（ＰＣケーブル鋼材）を厚さ20cm程度の薄いコンクリートで包み込んで床版とし、人が通れるようにした橋梁（歩道橋）で、白いリボンを渡したような形態をしている。渡る際に揺れて不安になるが、安全性に問題は無く、空中散歩の気分である。この橋を渡って滝まではアップダウンの激しい山道のため、脚力に自信のない人は慎重を要するが、一見の価値がある美しい滝である。

DATA

八代市泉町葉木

規模　橋長：116.0m 幅：1.3m 高さ：55.0m

形式　ＰＣ吊床版橋

完成　平成元（1989）年

アクセス　国道218号を美里町三和の交差点で右折して国道445号に入り、五家荘・五木村に向かって山道を走ること約15km、右側の谷（谷内川）を渡る白いリボンのような橋が見える

周辺観光　平家の里（泉町椎木160-1）　椎木の吊橋
せんだん轟の滝他

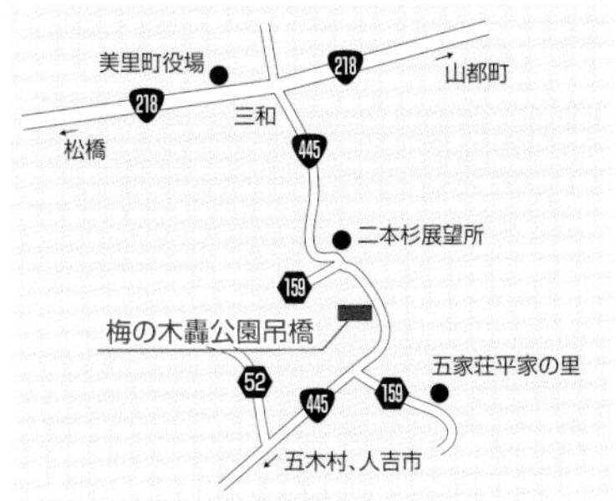

97 縦木の吊橋

もみぎのつりばし

八代市泉町樅木

足元に谷が透けて見えるスリリングな吊橋！

樅木の吊橋とは、長さ71.5mの「あやとり橋」と、長さ58.7mの「しゃくなげ橋」の総称。

あやとり橋は、主ケーブルの上に直接横桁と床版丸太をのせた補剛桁のない吊橋である。取り付けた耐風ケーブル（風による揺れを防ぐためのケーブル）をトラス状に配置し、引きケーブルで絞り込むことで全体の安定を保つ構造となっている。主ケーブルと耐風ケーブルおよび引きケーブルの形状から地元の人々に「あやとり橋」と呼ばれている。昔は蔓で造られた橋であったといわれている。また、「しゃくなげ橋」は、吊橋周辺を回遊するために、あやとり橋の下流30mにあやとり橋より15m低く造られた。

「あやとり橋」は昭和63（1988）年、土木学会田中賞を受賞している。

DATA

八代市泉町樅木

あやとり橋

規模　橋長：71.5m　幅：1.0m　高さ：25.0m

完成　昭和63（1988）年

形式　吊床版吊橋（鋼ケーブルを張り、床面は丸太を並べている）

土木学会田中賞

しゃくなげ橋

規模　橋長：58.7m　幅：1.0m　高さ：17.0m

完成　平成元（1989）年

形式　吊床版吊橋（鋼ケーブルを張り、床面は丸太を並べている）

アクセス　国道218号を美里町三和の交差点で右折して国道445号に入り山道を約20km 走る。平家の里への案内を左折して県道159号線に入り約 6 km、平家の里からさらに進み、泉第八小学校を過ぎてしばらく行き、標識を右に降りると駐車場がある

周辺観光　平家の里（泉町樅木160-1）　梅ノ木轟公園　せんだん轟の滝他

美里町へ
佐倉荘
445
159
五木村
人吉へ
五家荘平家の里
樅木山荘
八代市立
泉第八小学校
高尾酒店
高尾荘
159
159
樅木の吊橋
山女魚荘

豆知識 7

橋の博物館

石橋文化のルーツといえる種山石工集団を生み出した熊本県八代市東陽町には、石橋の博物館「石匠館」がある。日本で初めて石橋及び石工技術を紹介した、ユニークな博物館である。本書でも紹介したように、熊本県には種山石工が架けた通潤橋や霊台橋など、数多くの石橋がある。「石匠館」は、岩永三五郎、橋本勘五郎など石工たちの石橋造りに対する知恵や工夫、技の秘密を解き明かし、石橋文化を現代によみがえらせ、未来に伝えようとしている。

鹿児島市浜町にも、石橋の架設技術や当時の歴史を分かりやすく伝える「石橋記念館」がある。鹿児島市の中心を流れる甲突川には江戸末期、肥後の名石工「岩永三五郎」指導のもと建造された五つのアーチ橋が架けられていたが、平成５（1993）年８月６日の集中豪雨により、２橋が流失してしまった。残った「西田橋」など３橋を移設・復元し、石橋記念公園の中で一般公開している。石橋記念館・展示解説書（￥500）は日英韓併記で説明されており、専門的なことも解り易く説明してある。

近代的な橋については、本州・四国架橋“瀬戸大橋”の開通を記念して倉敷市に建てられた「瀬戸大橋架橋記念館」があった（現在建物は、児島市民センターとして利用）。記念館は太鼓橋の形をしており、館内部には、世界の有名な橋の模型や、橋の現在・過去・未来やデザインが紹介・展示されていた。

また、神戸市垂水区には、明石海峡大橋の架橋を記念して建てられた「橋の科学館」があり、長大橋建設技術と国内外の長大橋プロジェクトが紹介されている。

石匠館

石橋記念館

児島市民センター

橋の科学館

Ⅶ. 球磨川水系・県南の橋

105 重盤岩眼鏡橋

所在地MAP

球磨川水系・県南の橋

橋名称の文字色は素材を表わしています。
赤＝鋼　灰＝コンクリート　茶＝石

八代市

八代海

103. 新免目鑑橋

99. 中谷川橋

103. 赤松第一号眼鏡橋

98. 球磨川第一橋梁

98. 球磨川第二橋梁

104. 湯の香橋

球磨川

105. 重盤岩眼鏡橋

水俣市

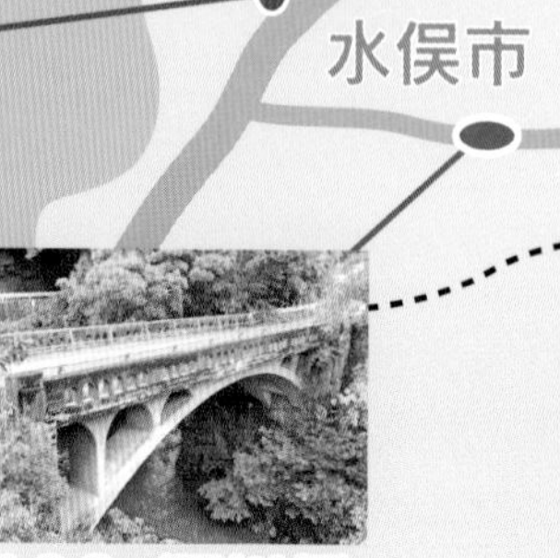

106. 深川橋

106. 久木野川橋

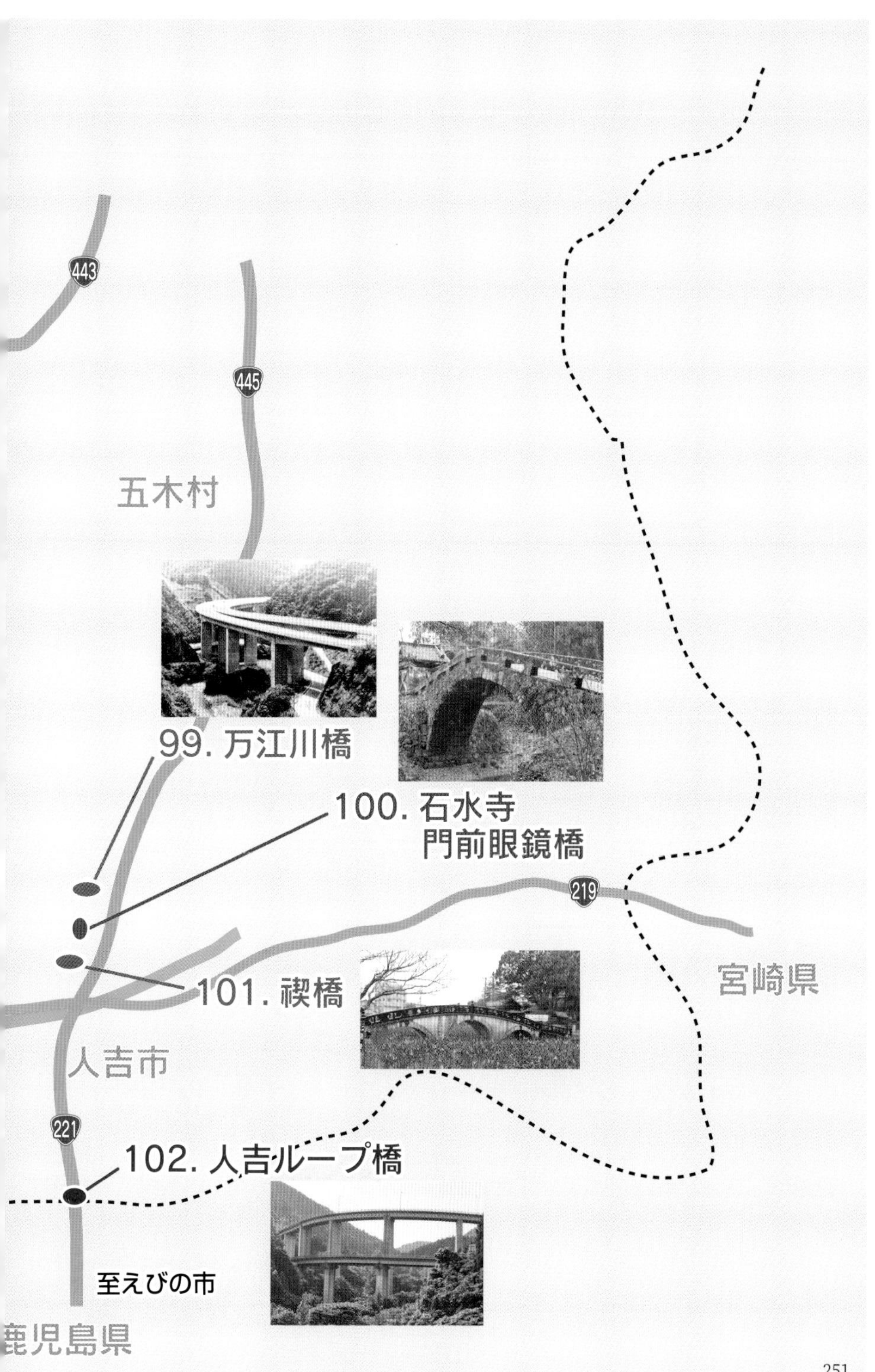
443
445
五木村
99. 万江川橋
100. 石水寺
門前眼鏡橋
219
101. 禊橋
宮崎県
人吉市
221
102. 人吉ループ橋
至えびの市
鹿児島県

98

球磨川第一橋梁（くまがわだいいちきょうりょう）と球磨川第二橋梁（くまがわだいにきょうりょう）

八代市坂本町鎌瀬
球磨郡球磨村三ケ浦

令和2年7月の洪水で流失した近代化産業遺産

球磨川と並走するＪＲ肥薩線の八代一人吉にある、明治時代の鉄道橋。球磨川第一橋梁と第二橋梁は、明治41（1908）年に、アメリカン・ブリッジ社の1906年製の（曲弦プラット）トラス橋で、クーパー・シュナイダーという人が設計し、当時の鉄道省が直轄で施工している。その特徴は、トラスの部材はリベットといわれる鋲で鉄板材をつなぎ合わせてつくり、部材同士の結合は（トラス構造の本来の理屈通りに）ピンで結合していることである。また、橋台や橋脚も切石積の煉瓦仕上げで、丁寧な仕事がなされていた。

この本を執筆中の令和２年7月、洪水で流失したとのニュースを見聞きした。重要な近代化産業遺産を失った衝撃と悲しみは大きい。また、ＪＲ肥薩線の復旧計画は、川辺川ダムの再検討を含む球磨川の洪水対策が策定されてからとなるので、相当の年数がかかることが想定される。

被災前の球磨川第一橋梁

豪雨により流失する前の球磨川第二橋梁

DATA

球磨川第一橋梁 八代市坂本町鎌瀬（ＪＲ肥薩線の鎌瀬駅から瀬戸石駅の間）

規模 橋長：205.0m 径間：62.7m×２＋25.4m×３
幅：単線

形式 曲弦プラットトラス＋上路プレートガーダー

完成 明治41（1908）年

経済産業省近代化産業遺産

アクセス 八代から国道219号に入り、球磨川に沿って人吉に向かう途中、鎌瀬駅を過ぎて球磨川を渡る

球磨川第二橋梁 球磨郡球磨村三ケ浦（ＪＲ肥薩線の那良口駅から渡駅の間）

規模 橋長：179.0m 径間：62.7m×２＋25.4m×２
幅：単線

形式 曲弦プラットトラス＋上路プレートガーダー

完成 明治41（1908）年

経済産業省近代化産業遺産

アクセス 八代から国道219号に入り、球磨川に沿って人吉に向かう途中、球泉洞、球磨村役場を過ぎて約３km

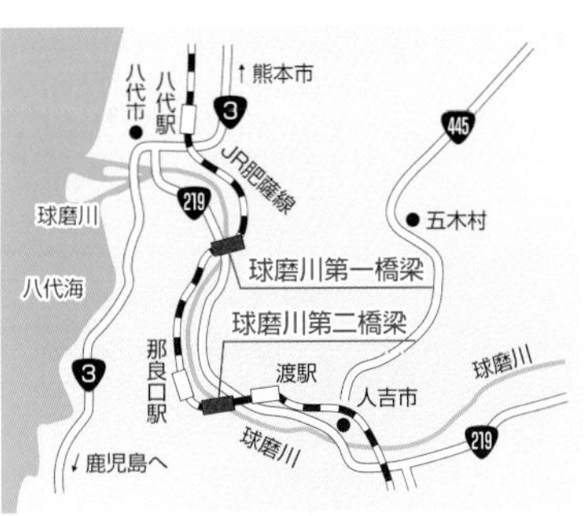

99 中谷川橋と万江川橋

なかたにがわきょう　まえかわばし

八代市坂本町
球磨郡山江村

九州自動車道（八代～人吉）の橋

平成2（1990）年、八代～人吉間に開通した「九州自動車道」には、いくつかの道路橋が架けられている。高速道路は、高速走行の安全上、極力「橋梁」が視界を妨げないよう、つまり目立たないように設計してあるので、いつどのような橋を渡ったのかほとんど気付かない。

八代～人吉間の九州自動車道は、わが国でも最も急峻な山岳地帯を通過する高速道路で、九州山地の屋根ともいわれるこの一帯には、数多くのV字型に侵食された深い渓谷やその斜面を流れる清流が多い。23本のトンネルに加えて、全数が54の橋梁群の一つひとつに、それぞれの趣があり、建設工事に携わった人々の苦労が偲ばれる。本書では、これらの橋梁の中から特徴的な中谷川橋と万江川橋を取り上げた。

中谷川橋（八代市坂本村）は、ＰＣ逆ランガー桁という形式の橋で、橋長は141.0m、支間100.0mである。この形式としては規模の大きなアーチ系の橋で、Ｙ字谷と橋が見事に調和していて美しい。完成は、九州自動車道開通1年前の平成元（1989）年である。

万江川橋（球磨郡山江村）は、九州自動車道の人吉側山江村の万江川に架けられている。山を避け川に沿っているため綺麗なカーブを描いている。橋長は527mの見事な大規模道路橋である。橋下の清流万江川は、夏季に近隣の子どもたちが水遊びをする場所として知られている。完成は、中谷川橋と同じく、平成元（1989）年である。写真は、当時の道路公団提供。

DATA

中谷川橋 八代市坂本町

規模 橋長：141.0m 最大支間：100.0m 幅：9.0m

形式 ＰＣ逆ランガー桁

完成 平成元（1989）年

アクセス 九州自動車道坂本～人吉線利用
下道は県道17号線へ

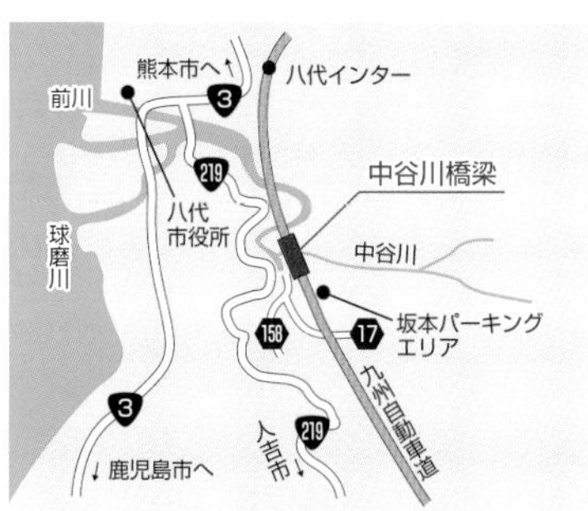

万江川橋 球磨郡山江村

規模 橋長：527.0m 最大支間：89.4m 幅：9.0m

形式 ＰＣラーメン曲線箱桁

完成 平成元（1989）年

アクセス 九州自動車道坂本～人吉線利用
下道は県道17号線へ

100 石水寺門前眼鏡橋（せきすいじもんぜんめがねばし）

人吉市下原田町西門

門前橋として風格のある石橋

この橋は、石水寺の門前を流れる馬氷川（まごおり）にかかる歩道橋で、架橋から既に150年ほど経過しているが、風格のある石橋である。石水寺は「鳳儀山」と号し、後小松天皇の応永24（1417）年、実底超真大和尚により開基された。

門前橋は嘉永7（1854）年、17代元亮和尚の時、檀家の方々や地元住民ら延べ数千人の奉仕により架けられたと伝えられている。橋の長さ21.4m、川面から7.1mと高く、正面に巨石をおにぎり形にくり抜いた山門があることにより、趣を感じる門前橋である。橋の西側には河川氾濫時、橋にかかる水圧を減少させるための水貫きがあり、東側には建設碑が建てられている。

巨石をくり抜いた
おにぎり形の山門

DATA

人吉市下原田町西門

規模 橋長：21.4m 径間：12.0m 幅：2.7m

形式 単一石造アーチ

石工 太次郎

完成 嘉永7（1854）年

人吉市指定有形文化財

アクセス 人吉駅から国道219号を西に進み下原田町に入ると国道沿いに案内版がある。案内板から北へ1.5kmほどの高台に石水寺があり、その手前の馬氷川に架かる

周辺観光 人吉城跡　青井阿蘇神社　くまがわ鉄道

101 禊橋（みそぎはし）

人吉市上青井町

青井阿蘇神社前ハス池の橋

禊橋は、人吉市の青井阿蘇神社（国指定重要文化財）前のハス池に架けられている朱色の美しい橋で、コンクリート製の三連のアーチ橋である。架橋は、大正10（1921）年で県内に現存する最古のコンクリート橋といわれている。アーチの輪石（迫石（せりいし））部分は、瘤ができたような大きな凹凸を手仕上げする方法（瘤出（こぶだし）仕上げ）で造られており、要石（かなめいし）には洋風の意匠を施してある。石工は不明である。

神社は、「青井さん」と呼ばれ県内をはじめ全国的にも由緒ある社として多くの参拝客が訪れている。本殿ほか五棟が国宝に指定（平成20年）されており、禊橋から赤鳥居、楼門、本殿を見渡す景観は壮観である。また、池にハスの花が咲く初夏は見頃である。令和2年7月の球磨川洪水で被災し、高欄が破損したがその後、復旧された。

境内左の掲示板より転載

DATA

人吉市上青井町

規模 橋長：26.7m 径間：6.2m＋5.7m×２ 幅：3.8m

形式 コンクリート造三連アーチ橋

石工 不明

完成 大正10（1921）年

登録有形文化財（建造物）

アクセス 人吉駅前から県道188号線を南進し、三つ目の信号のある交差点を右折、300m程進むと朱色の橋が見える。駅から車約５分、徒歩10分程度

102 人吉ループ橋

ひとよしるーぷきょう

人吉市大畑町

加久藤越えの難所を解消した三つのループ橋

熊本県の人吉方面から宮崎県のえびの方面への車両通行には、現在、昭和52（1977）年に開通した「九州自動車道」が利用され、鹿児島県へも途中の分岐から同自動車道を利用して短時間で行けるようになっている。しかし、高速道路が開通するまでの熊本県、宮崎県の県境は、昔から「加久藤越え」の難所として知られていた。

藩政時代は細い山道だったのが、明治時代の馬車道を経て自動車も通行できるようになったが、カーブの多いドライバー泣かせの悪路であった。このため、昭和41（1966）年から国道221号として大規模な道路改良工事が進められ、峠の下には加久藤トンネルを通し、これに連なる道路としてトンネルの両側にループ形式の橋が昭和52年に開通した。このうち、熊本県側に建設された三つの橋（下から順に開運橋、昇雲橋、天馬橋）が人吉ループ橋である。建設にあたっては、標高585mの加久藤トンネルと連続する国道の高低差を緩和するため、渓谷にそびえる直径200m、長さ1,190mの円形の三つのループ橋で構成する方法が採用された。宮崎県側のえびのループ橋と併せて形成される道路の線形は世界でもまれな構成となっている。

橋脚高さ最高60mの三つのらせんループ橋を下から見上げると、その壮観さに感動を覚えてならない。勿論、ループ橋の建設による国道221号の改良工事等で両県境の人吉、えびの地域や熊本、宮崎両県に与えた経済効果は、計り知れないものがあったと聞く。そして当時、東洋一といわれたループ橋は、まさに日本の土木技術の偉大さを物語るものであると言えよう。ＪＲ肥薩線の列車で、大畑ループとスイッチバックで峠を越えるのも一興である。

DATA

開運橋 人吉市大畑町（おこばまち）

規模 橋長：148.0m 最大支間：28.78m 幅：7.5m

形式 鋼合成桁

完成 昭和49（1974）年

昇雲橋 人吉市大畑町

規模 橋長：300.0m 最大支間：37.1m 幅：7.5m

形式 鋼箱桁

完成 昭和51（1976）年

天馬橋 人吉市大畑町

規模 橋長：150.0m 最大支間：56.0m 幅：7.5m

形式 鋼箱桁

完成 昭和51（1976）年

アクセス 国道221号を人吉から宮崎に向かう県境の加久藤峠

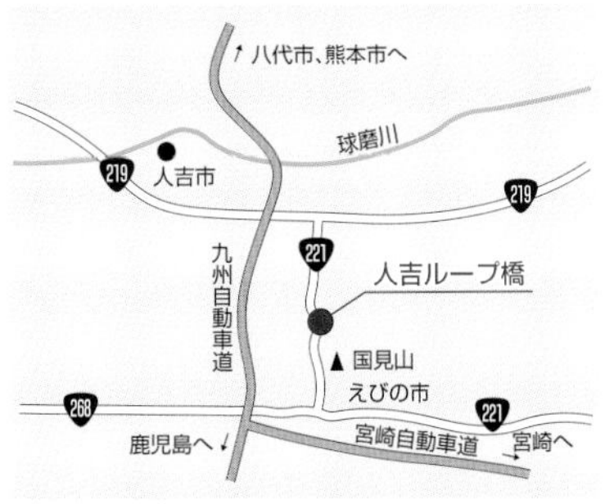

103

新免目鑑橋と赤松第一号眼鏡橋

しんめんめがねはし　あかまつだいいちごうめがねばし

八代市二見本町新免
八代市二見赤松町岩下

旧薩摩街道の難所赤松太郎峠に至る

国道3号と並行して南から北へ流れる二見川には、現在六つの眼鏡橋が残っている。下流から、新免、赤松第1号、大平、新大平、小薮、須田眼鏡橋である。新免目鑑橋は八代市の中心に最も近い二見川の最も下流にある橋で、八代方面から国道3号を南進し、赤松に入ると国道から右側に見える。嘉永6（1853）年に架橋された。石工は岩永三五郎といわれている。橋の長さは14.4mであり、平地に架かっているので中央のせり上がりが大きな橋である。コンクリートで補強されているため、輪石以外は見えなくなっており、石橋の保存状態としては残念であるが、現在も生活道路として使われている。

旧薩摩街道は、この橋を渡り三太郎峠（赤松・佐敷・津奈木）の最初の赤松太郎峠を越えて田ノ浦に至る。赤松太郎峠の上り坂が始まるところの右の小道（旧薩摩街道）を300mほど行くと赤松第一号眼鏡橋がある。規模は新免眼鏡橋より小さいが、高欄の束柱にやかんと湯呑などの彫り物が施されており、石工の遊び心に和まされる。

DATA

新免目鑑橋 八代市二見本町新免

規模 橋長：14.4m 径間：11.6m 幅：3.8m 高さ：4.6m

形式 単一石造アーチ

石工 岩永三五郎

完成 嘉永６（1853）年

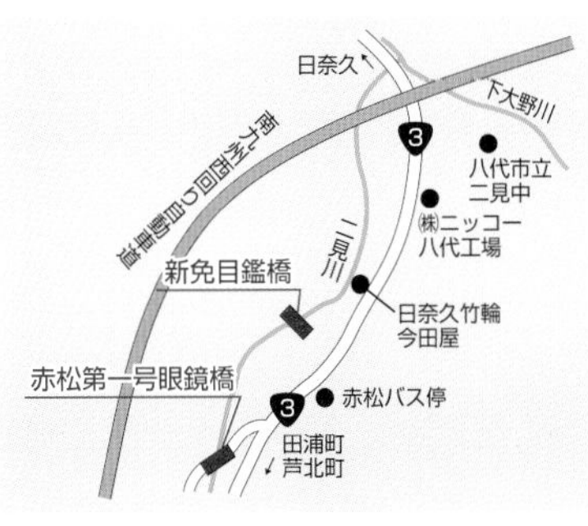

赤松第一号眼鏡橋 八代市二見赤松町岩下

規模 橋長：12.3m 径間8.2m 幅：3.1m

形式 単一石造アーチ

石工 不明

完成 嘉永５（1852）年

アクセス 八代市から国道３号を南下し、日奈久を通り二見赤松町に入り、日奈久竹輪今田屋を過ぎてすぐ右に新免目鑑橋が見える。赤松第一号眼鏡橋は、赤松のバス停から坂を約200m進むと右に下る小道（旧薩摩街道）があり、そこから徒歩300m

104 湯の香橋（ゆのかばし）

葦北郡芦北町湯浦

温泉町のにぎわいを演出するアートポリスの橋

湯の香橋については、熊本県のホームページ、くまもとアートポリス完成プロジェクト・参加プロジェクト一覧の中に次のように紹介されている。

「芦北町湯浦地区は古くは海から船で訪れる天草の人達で栄えた温泉町である。その町のシンボルとなっていた朱色に塗られた木造の太鼓橋が老朽化したため、新しく掛け替えようという計画があった。それは、交通システムの変化によって人の流れの変わってしまった温泉町に、再び人のにぎわいを取り戻そうという長期計画の第一歩であった。

近代以降の橋は自動車や汽車を渡すといった機能性や、早く、そして安くという経済合理性のみを主眼として作られ続けてきた。しかし、ここではそれとは全く逆の、歩いて渡ることが純粋に楽しみであるような、そんな橋が求められ造られた。

湯の香橋の設計の主眼は、新しい物語を生みだすような橋を造ることであり、次の四つのポイントに留意しながら設計が進められた。

一つは水面まで降りていくことができ、水を身近に感じることができるようなテラスを設けること。２番目に手摺（すり）をフロスト・ガラスとし、太陽の光の変化や橋を渡る人のシルエットをさながら障子越しに見るように演出する。３番目には、橋のデザインとして照明効果を最初から考慮すること。橋の床版の端部に照明を組み込み、グレーチングの床、フロスト・ガラスの手摺、そして橋の下の水面に光が廻るように計画し、夕暮れの散歩を楽しめるものとする。最後に土木のスケールではなく人間のスケールで設計し、特に人の手に触れる手摺のディテールの精度を建築並みに確保すること」

くまもとアートポリスの橋で、設計は岸和郎(きしわろう)氏、くまもと景観賞テーマ賞を受賞している。

〈参考〉くまもとアートポリス：建造物や都市計画をとおして文化の向上をはかろうというコンセプトで、昭和63（1988）年からおこなわれている熊本県の事業。

朱色の旧湯香橋

DATA

葦北郡芦北町湯浦

規模　橋長：40.8m　幅：3.34m

形式　プレストレストコンクリート連続桁

完成　平成３（1991）年

アクセス　国道３号を南下して芦北町に入り、湯浦川を渡る手前から左折し県道270号線を進むと右に橋がある

周辺観光　湯浦温泉　うたせ船　芦北町立星野富弘美術館

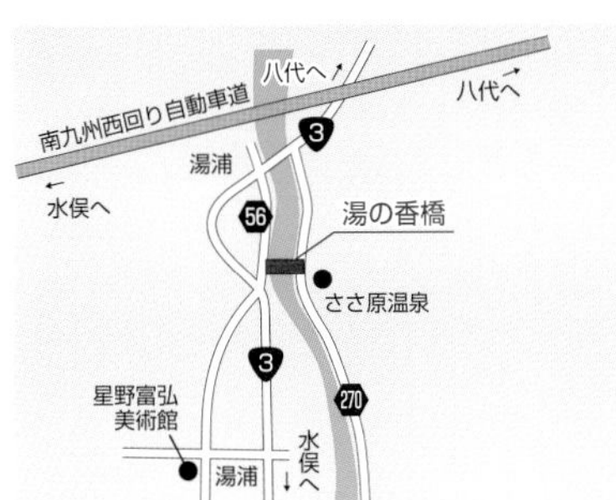

105 重盤岩眼鏡橋（ちょうはんがんめがねばし）

葦北郡津奈木町岩城

岩永三平　恩返しの橋

旧薩摩街道が津奈木川を渡る地点に架かるこの石橋は、北側にそびえる岩山「重盤岩」にちなんでこの名で呼ばれている。嘉永2（1849）年に津奈木総庄屋近藤三郎衛門為経の尽力で架けられた橋である。種山（現東陽町）石工岩永三五郎の弟、三平は鹿児島の甲突五石橋を架けた後、薩摩藩の内紛に巻き込まれたので脱出し、逃亡。追っ手に襲われて瀕死の重傷を負ったが、津奈木の人々によって手厚く看護された。世話になったこの村の人々へ恩返しにこの橋を架けたと伝えられている。石材は凝灰岩で、アーチの上に載る石積みが少なく、アーチそのものの機能性そして、堅固さと軽快さを感じさせる美しい石橋である。

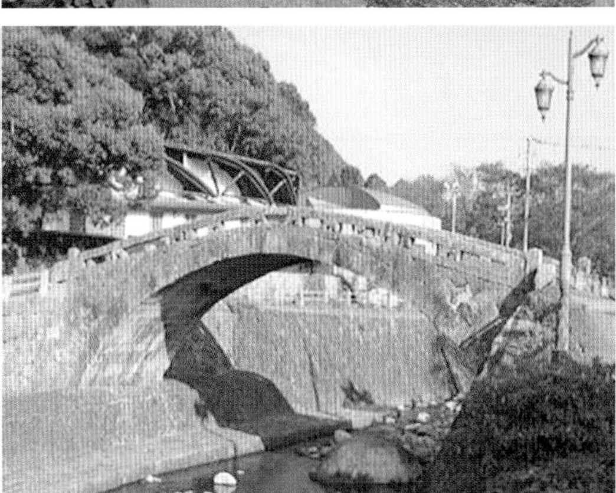

DATA

葦北郡津奈木町岩城

規模 橋長：18.0m 径間：17.0m 幅：4.5m

形式 単一石造アーチ

石工 三平（岩永三五郎の弟）

完成 嘉永２（1849）年

熊本県指定文化財

周辺観光 国道３号を八代方面から南下、津奈木トンネルを通過して津奈木町に入り、約３km。つなぎ美術館を過ぎてすぐ右の物産館グリーンゲイトの裏の津奈木川に架かる

周辺観光 浜眼鏡橋　津奈木温泉　つなぎ美術館

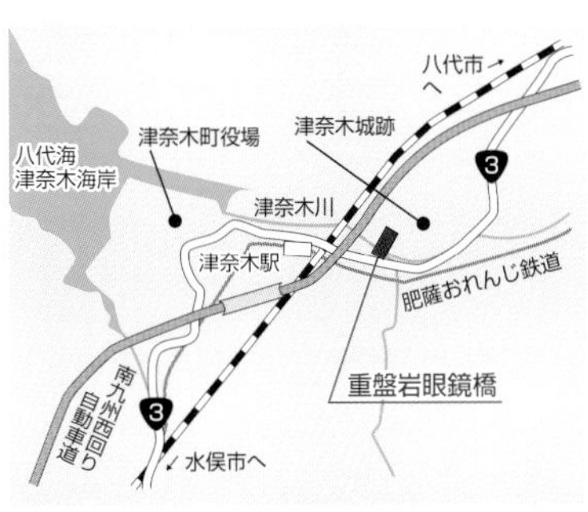

106 久木野川橋（くぎのかわはし）と深川橋（ふかがわばし）

水俣市葛渡
水俣市深川

石造アーチの後継となるコンクリートアーチ

　大正期から昭和前期にかけて、熊本県内では石造アーチの後継としてのコンクリートアーチ橋が多く架けられた。久木野川橋は、大正14（1925）年の建設で、昭和2（1927）年建設の美里町の二俣橋と同時代、同形式のコンクリート固定リブアーチで、熊本県土木課が架設を担当している。当時の設計・施工技術の水準の高さに加え、担当した技術陣の意匠面の感性と施工の丁寧さがうかがえる。県下でのコンクリートアーチ橋建設の先駆的役割を果たした。架橋後すでに100年近く経過していてもまだ使用に耐えそうであるが、安全を見て、3トン以上の車の通行を制限している。

深川橋は、久木野川橋の29年後に建設されたコンクリートリブアーチ橋で、久木野川橋より水俣市に近い内野川に架かる。開腹部（アーチと桁との間）の支柱に代えてスパンドレルアーチを持つリブアーチ橋である。自重の軽減、材料の節約を図る工夫とデザイン性を結合させた技術力が感じ取れる。

参考文献：戸塚誠司氏「熊本県下における近代橋梁の発展史に関する研究」

DATA

久木野川橋 水俣市葛渡

規模 橋長：34.2m 径間：24.2m 幅6.0m

形式 鉄筋コンクリート固定リブアーチ

完成 大正14（1925）年

アクセス 熊本・八代方面から国道3号を南下し、水俣I.C入口交差点で伊佐方面に左折。国道268号を約7km東進、久木野川を渡ってすぐの信号を左折して県道15号線に入り200m先を左折すると久木野川に橋が架かっている

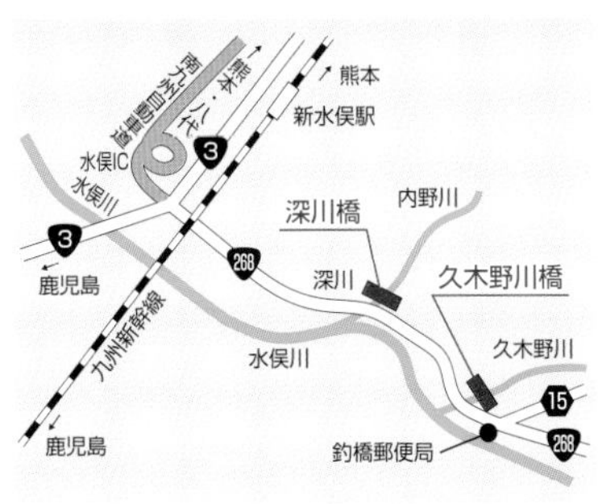

深川橋 水俣市深川

規模 橋長：19.8m 径間：19.8m 幅6.0m

形式 鉄筋コンクリート固定リブアーチ

完成 昭和29（1954）年

アクセス 久木野川橋同様、国道268号に入り東進約５kmで深川に入り、内野川を渡る手前で左折してすぐ橋がある

掲載橋梁データ一覧表

Ⅰ．県北・菊池川水系の橋

No. 橋 梁 名	形　　式	橋長(m)	幅(m)	完成年	備　考
1.岩本橋	二連続石造アーチ	32.0	4.0	1866～ 1868	県指定
2.高瀬川橋梁	下路式鋼プラットトラス（リベット）	319.6	単線	1916	リベット
3.高瀬眼鏡橋	二連続石造アーチ	19.0	4.0	1848	県指定
4.豊岡の眼鏡橋	単一石造アーチ	12.8	4.9	1802	市指定
5.大坪橋	二連続石造アーチ	23.2	2.4	1865	移築保存
6.山鹿大橋	７径間連続鉄筋コンクリート 連続Ｔ桁橋（ゲルバー桁を改造）	176.0	7.0	1953	ゲルバー桁を 改造
7.湯町橋	二連続石造アーチ	17.7	4.8	1814	移築保存 県指定
8.弁天橋(園木橋)	単一石造アーチ	10.5	5.0	1881	市指定
9.田中橋	単一石造アーチ	16.7	4.1	1858	市指定
10.分田橋	５径間連続鉄筋コンクリート ゲルバーＴ桁橋	124.0	6.5	1937	県最古
11.洞口橋	石造 リブアーチ	7.0	0.6	1774	県最古 市指定
12.菊地川鉄橋	下路式鋼ポニープラットトラス	22.4	単線	1917	移築保存
13.迫間橋	単一石造アーチ	36.4	4.0	1829	市指定
14.寺小野橋 龍門橋	コンクリートリングアーチ 単一石造アーチ	54.0 22.0	6.0 4.3	1955 1889	
15.虎口橋	単一石造アーチ	25.3	4.25	1850	
16.姫井橋	鉄筋コンクリート下路式アーチ橋	18.0	4.6	1925	わが国初 国指定
17.立門橋	単一石造アーチ	36.6	3.6	1860	県指定
18.永山橋	単一石造アーチ	24.4	4.7	1878	県指定

Ⅱ．小国・阿蘇の橋

No. 橋 梁 名	形　　式	橋長(m)	幅(m)	完成年	備　考
19.上津久礼眼鏡橋	二連続石造アーチ	16.2	2.8	1838	町指定
20.桑鶴大橋	２径間連続曲線鋼斜張橋	70.0	10.5	1998	
21.立野橋梁	10径間連続鋼鈑桁	138.8	単線	1924	トレッスル
22.第一白川橋梁	鋼２ヒンジスパンドレル ブレーストバランストアーチ	166.3	単線	1927	
23.阿蘇長陽大橋	ＰＣ４径間連続ラーメン箱桁橋	276.0	8.5	1997	

No. 橋 梁 名	形　　式	橋長(m)	幅(m)	完成年	備　考
24.阿蘇大橋 新阿蘇大橋	鋼逆ランガー 鋼３径間連続鈑桁橋＋鋼単純箱桁橋＋ＰＣ３径間連続ラーメン橋	205.9 525.0	8.8 9.0	1970 2021	地震崩落 新橋
25.橋場橋	鉄筋コンクリートリングアーチ橋	32.5	4.5	1955	
26.跡ヶ瀬大橋	ＳＰＣ橋	52.1	9.5	2002	
27.廣平橋梁	無筋コンクリート充腹９連続アーチ橋	80.3	3.2	1937	国指定
菅迫橋梁	無筋コンクリート充腹11連続アーチ橋	136.3	3.0	1937	
掘田橋梁	無筋コンクリート充腹４連続アーチ橋	58.9	3.0	1938頃	
汐井川橋梁	無筋コンクリート充腹３連続アーチ橋	36.0	3.0	1938頃	
堂山橋梁	無筋コンクリート充腹３連続アーチ橋	36.0	3.0	1938頃	
北里橋梁	無筋コンクリート充腹５連続アーチ橋	60.0	3.0	1938頃	
幸野川橋梁	無筋コンクリート充腹６連続アーチ橋	115.5	3.5	1939頃	
28.杖立橋	２径間連続鋼斜張橋	53.5	3.2	1996	アートポリス
29.ヒゴタイ大橋	上路式コンクリート固定アーチ	200.0	9.5	2003	リングアーチ
30.阿蘇望橋	鋼で補強した木造トラス橋	41.0	7.0	1999	屋根付き
31.奥阿蘇大橋	鋼ブレースドリブアーチ	360.0	8.0	1989	耐候性鋼

Ⅲ．熊本市内（白川・坪井川）の橋

No. 橋 梁 名	形　　式	橋長(m)	幅(m)	完成年	備　考
32.千金甲橋	鋼Ｉ桁橋（単純合成桁）	76.5	5.75	1976	
33.戸坂橋	プレストレストコンクリート π型ラーメン	35.0	13.0	1998	
34.明八橋 明十橋	単一石造アーチ	21.4 22.7	7.8 7.9	1875 1877	
35.船場橋	鉄筋コンクリート（Ｔ桁）ラーメン橋	37.1	19.9	1929	
36.新堀橋 磐根橋	プレストレストコンクリート 単純Ｔ桁 鉄筋コンクリート方杖ラーメン	33.0 33.0	10.5 9.2	1985 1923	 1938拡幅
37.西里大橋	ＰＣ6径間連結ポストテンション少主桁 ＰＣ7径間連続ラーメン箱桁 ＰＣ5径間連結ポストテンション少主桁	929.0	9.5	2017	
38.白川橋 泰平橋	鋼ローゼ桁橋＋プレストレストコンクリート桁二連	148.7 144.7	20.0 10.0	1960 1960	
39.長六橋	ＰＣ３径間連続桁	123.2	22.0	1990	
40.銀座橋	鋼ランガー桁	108.6	11.3	1958	
41.安政橋（安巳橋）	鋼ランガー桁	109.1	7.0	1968	
42.大甲橋	鋼３径間連続桁	106.0	35.0	1924	
43.子飼橋	プレストレストコンクリート桁橋	134.0	27.0	2015	
44.第二白川橋	下路式鋼単純プラットトラス	72.0	単線	1954	1913年製作
45.水前寺太鼓橋	単一石造アーチ	4.0	1.9	1897	移設

Ⅳ．緑川水系の橋

No. 橋 梁 名	形　　式	橋長(m)	幅(m)	完成年	備　考
46.加瀬川橋梁	鋼プラットトラス	159.8	単線	1921	リベット結合
47.門前川目鑑橋	単一石造アーチ	7.0	2.6	1808	町指定
48.下鶴橋	単一石造アーチ	23.63	6.36	1886	町指定
49.八勢眼鏡橋	単一石造アーチ	26.0	4.0	1855	県指定
50.金内橋	単一石造アーチ	31.0	5.5	1850	町指定
51.山崎橋	単一石造アーチ	25.0	3.6	1831	市指定
52.市木橋	迫持ち式石桁橋	18.0	2.4	江戸末頃	市指定
53.薩摩渡	単一石造アーチ	16.1	3.4	1829	市指定
54.三由橋	単一石造アーチ	21.6	3.2	1830	市指定
55.小筵二俣渡 二俣福良渡	単一石造アーチ	28.0 27.0	3.3 2.5	1829 1830	
56.第３二俣橋 年禰橋	上路式鉄筋コンクリートリブアーチ ４径間連続石造アーチ	22.9 59.3	5.4 8.5	1927 1924	
57.小筵橋	単一石造アーチ	47.0	2.0	江戸後期	
58.馬門橋	単一石造アーチ	27.0	2.9	1828	町指定
59.大窪橋	単一石造アーチ	19.3	2.7	1849	町指定
60.霊台橋	単一石造アーチ	89.86	5.45	1847	国指定
61.雄亀滝橋	単一石造アーチ	15.5	3.63	1817	県指定
62.内大臣橋	中路式鋼トラスアーチ橋	199.5	5.5	1963	林道
63.浜町橋	単一石造アーチ	14.4	3.6	1833	
64.通潤橋	単一石造アーチ	75.6	6.3	1854	国指定
65.鮎の瀬大橋	ＰＣ斜張橋＋ＲＣ　Ｙ型ラーメン	390.0	8.0	1999	アートポリス
66.聖橋	単一石造アーチ	35.0	5.0	1832	町指定
67.馬見原橋	鋼フィーレンディール橋	38.22	上4.8 下6.75	1995	アートポリス

Ⅴ．宇土半島と天草の橋

No. 橋 梁 名	形　　式	橋長（m）	幅（m）	完成年	備　考
68.船場橋（宇土市）	単一石造アーチ	13.7	4.1	1863	市指定
69.戸馳大橋	旧：鋼ランガー桁橋＋鋼桁橋 新：５径間連続鋼桁橋	300.7 295.0	5.5 9.5	1973 2019	
70.第四波多川橋梁	鋼桁	8.0	単線	1899	フィンク補強
71.三角西港の橋 一ノ橋 〃　二ノ橋 〃　三ノ橋 〃　中ノ橋	石造の桁橋	2.4 4.0 4.1 3.0	9.2 9.9 9.0 8.3	1885 1887 1887 1887	国指定
72.天門橋 天城橋	３径間連続鋼トラス ソリッドリブ中路式鋼ＰＣ複合アーチ橋	502.0 463.0	8.0 9.5	1966 2018	田中賞 中路式
73.大矢野橋	鋼ランガー桁	249.1	8.0	1966	
74.中の橋 前島橋	３径間連続プレストレストコンクリートラーメン橋 ５径間連続プレストレストコンクリートラーメン橋	361.0 510.0	8.0 8.0	1966 1966	
75.松島橋	鋼２ヒンジリブアーチ	177.7	8.0	1966	
76.西大維橋 東大維橋	２連鋼ランガー桁橋 単径間２ヒンジ鋼吊橋	238.0 380.0	4.5 4.6	1974 1975	
77.野釜大橋	４径間連続プレストレストコンクリート（ＰＣ）ラーメン橋	295.0	8.25	1980	
78.樋島大橋	単純鋼吊橋	290.9	4.5	1972	
79.天草瀬戸大橋	鋼桁橋	702.5	8.0	1974	
80.本渡瀬戸歩道橋	昇降式可動橋 鋼トラス	124.8	2.9	1978	
81.祇園橋	石造桁橋「多脚式」	28.6	3.3	1832	国指定
82.市ノ瀬橋	単一石造アーチ	22.20	4.6	1890頃	市指定
83.通詞大橋	鋼ランガー桁	184.0	5.0	1975	
84.施無畏橋	単一石造アーチ	22.73	3.24	1882	
85.楠浦眼鏡橋	単一石造アーチ	26.33	3.05	1878	県指定
86.牛深ハイヤ大橋	７径間連続鋼床鈑曲線箱桁	833.0	13.6	1997	田中賞 アートポリス
87.通天橋	鋼ローゼ桁	125.4	6.5	1971	

Ⅵ．東陽町・五木・五家荘の橋

No. 橋 梁 名	形　　式	橋長(m)	幅(m)	完成年	備　考
88.郡代御詰所眼鏡橋	単一石造アーチ	12.5	2.67	天保年間	1979(昭和54)年移設
89.白髪岳天然橋	自然石アーチ	27.0	1.5	２千数百年前	自然石橋
90.山口橋 蓼原橋	単一石造アーチ	10.97 20.14	1.59 1.98	1915頃 1914頃	
91.笠松橋	単一石造アーチ	27.5	3.5	1868	
92.頭地大橋	５径間連続ＰＣラーメン橋	487.0	9.75	2013	
93.白岩戸公園吊橋	単径間無補鋼吊橋（人道橋）	56.0	1.0	1991	
94.落合橋	単一石造アーチ	20.0	4.6	1847	
95.せんだん轟吊橋	単径間鋼斜張橋	38.0	1.0	1992	
96.梅の木轟公園吊橋	ＰＣ吊床版橋	116.0	1.3	1989	
97.樅木の吊橋 あやとり橋 しゃくなげ橋	吊床版吊橋 (鋼ケーブルを張り、床面には丸太)	71.5 58.7	1.0 1.0	1988 1989	田中賞受賞 (あやとり橋)

Ⅶ．球磨川水系・県南の橋

No. 橋 梁 名	形　　式	橋長(m)	幅(m)	完成年	備　考
98.球磨川第一橋梁 球磨川第二橋梁	曲弦プラットトラス＋上路プレートガーダー	205.0 179.0	単線 単線	1908 1908	ともに流失 経産省遺産
99.中谷川橋 万江川橋	ＰＣ逆ランガー桁 ＰＣラーメン曲線箱桁	141.0 527.0	9.0 9.0	1989 1989	高速道路
100.石水寺門前眼鏡橋	単一石造アーチ	21.4	2.7	1854	市指定
101.禊　橋	コンクリート造三連アーチ橋	26.7	3.8	1921	
102.人吉ループ橋 開運橋 昇雲橋 天馬橋	鋼合成桁 鋼箱桁 鋼箱桁	148.0 300.0 150.0	7.5 7.5 7.5	1974 1976 1976	
103.新免目鑑橋 赤松第一号眼鏡橋	単一石造アーチ	14.4 12.3	3.8 3.1	1853 1852	
104.湯の香橋	プレストレストコンクリート連続桁	40.8	3.34	1991	
105.重盤岩眼鏡橋	単一石造アーチ	18.0	4.5	1849	
106.久木野川橋 深川橋	鉄筋コンクリート固定リブアーチ	34.2 19.8	6.0 6.0	1925 1954	

参考文献・関係資料等

1．『熊本の石橋３１３』 熊本日日新聞社　1998年

2．水野公寿監修『熊本市今昔写真帖』 郷土出版社　2010年

3．九州橋梁・構造工学研究会編『九州橋紀行』 西日本新聞社

4．粂田一男著『画集　Stone Bridge372　肥後の石橋』 熊日出版　2013年

5．太田静六編『九州のかたち眼鏡橋・西洋建築』 西日本新聞社　1979年

6．長嶋文雄、服部秀人、菊池敏男／著『橋　なぜなぜ　おもしろ読本』 山海堂　1998年

7．日本橋梁建設協会編集『橋梁年鑑　平成20年版』 日本橋梁建設協会　2008年

8．上塚尚孝著『熊本の目鑑橋３４５』 熊本日日新聞社　2016年

9．米村俊晴著『熊本の石橋探訪』 熊日出版　2015年

10. 広田尚敬著『鉄橋コレクション』 講談社　2010年

11. ㈱尾上建設「虎口橋現地調査資料」 2006年
https://www.ogami.co.jp/sbi_koguchi.php

12. 戸塚誠司、小林一郎「熊本県における歴史的コンクリートアーチ橋の評価」 土木史研究　第16号　1996年

13. 戸塚誠司、小林一郎「熊本・白川における橋梁変遷史」 土木史研究　第18号　1998年

14. 戸塚誠司「熊本県下における近代橋梁の発展史に関する研究」 熊本大学大学院工学研究科学位論文　1999年

15. 熊本旧街道連絡協議会「熊本旧街道記念講演資料」 2019年

16. 熊本県各市町村発行パンフレット及び広報誌・インターネット資料等

あとがき

今から26年前の1995（平成７）年７月に、『九州橋紀行』という本を西日本新聞社から刊行しました。これは、九州の、学、民、官の多くの研究者・技術者で作った九州橋梁・構造工学研究会の設立10周年記念事業の一つとして刊行されたもので、86人の執筆者が85項目170橋を解説し紹介したものです。その後、次々と新しい橋も架けられているので、新しい本が書けないか考えていました。しかし、その前に、同主旨の熊本の橋に関する本がないことに気づき、その本の構想を練っているときに、共著者の福島さんから相談があり、この本を出版することになりました。

出版というのは、その道のプロでない限り、なにか背中を押すものがなければ実現しないもので、この３年間、仕事の合間のこま切れの時間での作業を細々と続け、完成することができたのは共著者あってのことで、福島さんには大いに感謝しています。

しかしながら編集が至らず、一般の人には理解しにくい部分がある一方、専門家には物足りないという問題点、また、どうしてこの橋が入っていないのかという疑問などについて、読者のお叱りを被ることを覚悟しています。できれば、ご意見、ご質問、ご感想など、お寄せいただければ幸いです。

最後になりますが、編集、構成にご協力をいただいたホープ印刷の森田守尚様、快く出版にご協力とご指導をいただいた熊本日日新聞社の高峰武様、信じられないほどのエネルギーと時間を投入していただいた熊日出版の今坂功様、伊藤香子様に心より感謝し、お礼申し上げます。また、一読者として「この表現は一般の人には理解できないよ」と細やかに指摘してくれた妻、啓子に感謝いたします。

崎元 達郎

橋との出合いは、共著の﨑元達郎先生（当時放送大学熊本学習センター所長）から2013年度に「橋梁に関する講義」を受けた時です。

講義は、土木工学的面から入り、設計・デザイン・建造費の経済的効率化等、日本や世界の主な橋梁について月１回、２年ほどにわたり受講しました。

講義資料は、「橋の起源」「架橋の由来」「架橋関係者の苦労話」等々、画像付きの内容で、分かりやすく受講を重ねていくうちに橋の魅力に取り込まれていきました。

ある時、「身近な橋について」のレポートの提出を求められました。小生は、直ぐに先の大戦の空襲の時、私の命を救ってくれた「長六橋」のことに思いを寄せました。

時は、第二次世界大戦中の昭和20（1945）年７月１日の熊本大空襲の時に遡ります。当時、熊本市の慶徳町に住んでいましたが、その夜は特に激しい空襲で私たちの家族は、隣家の方共々長六橋の下に避難しました。途中、焼夷弾による火災を避けて逃げまどう人々や白川を流れる遺体の数々など、まさに地獄絵図の惨状でした。

長六橋は、昭和２（1927）年３月に開通したタイドアーチ型の大鉄橋で焼夷弾を見事に撥ね退けて大勢の避難者を救ってくれました。仮にその夜、いつもの木造地下室に避難していたら、おそらく蒸し焼きになっていたのではと思います。大空襲で家屋、家財など全て消失しましたが、長六橋のお陰で家族共々一命を取り留めました。

このことを含めてレポートにまとめる過程でさらに橋梁にはいろいろな形式があり、架橋する地形に合せてどの形式が適しているのか、設計、デザイン、経済性など考慮して建設が始まり数年かけて開通する、という橋造りの魅力に、より一層取りつかれていきました。

放送大学卒業後も﨑元先生の講義資料を読み返していくうちに、郷土熊本にも石橋をはじめ多くの近代、現代の橋梁が多くあり、 私たちが日常、当然のように鉄道や車、自転車・徒歩で利用している橋の中から「特徴ある橋」について調べてみたいと、出版に思いを馳せたところです。

編纂にあたっては、ご多忙中の﨑元達郎先生にご相談、懇望したところ、先生も1995（平成７）年７月出版の『九州橋紀行』（西日本新聞社）の熊本県分について再刊行を考えていた、とのことで内諾を得て、﨑元先生が監修と学術的面、小生が資料収集や画像等を分担して出版することになりました。

福島 通安

著者プロフィール

・**崎元　達郎**（さきもと　たつろう）

工学博士、熊本大学名誉教授、専門は橋梁・構造工学

1945年１月　鹿児島県出水市生まれ
1972年３月　大阪大学大学院博士課程単位取得退学
1972年４月　大阪大学助手（工学部）
1973年４月　熊本大学講師（工学部）
1979年６月　熊本大学助教授（工学部）
　　　９月　アメリカ合衆国オハイオ州立大学客員助教授（～1981年３月31日迄）
1984年４月　熊本大学教授（工学部）
2002年４月　熊本大学工学部長（～2003年11月迄）
2002年11月　熊本大学長（第11代）
2004年４月　（初代）国立大学法人熊本大学長（～2009年３月31日迄）
2009年４月　熊本大学名誉教授、熊本大学顧問
2010年４月　放送大学熊本学習センター所長（特任教授）（～2015年３月迄）
2015年４月　学校法人銀杏学園　熊本保健科学大学学長（～2019年３月31日迄）
2017年３月　学校法人銀杏学園　理事長（～2021年３月迄）

・**福島　通安**（ふくしま　みちやす）

1934年９月　沖縄県那覇市生まれ
1944年８月　第２次世界大戦の激化のため沖縄より鹿児島市を経て熊本へ疎開
1950年４月～熊本電気通信学園入学、同年12月卒業後
電気通信省～日本電信電話公社～ＮＴＴに勤務
1986年２月　ＮＴＴ福岡西新電報電話局次長
1988年１月　ＮＴＴ熊本一の宮電報電話局長
1990年２月　ＮＴＴ退職
1990年４月　SYSKEN人事部次長～情報通信研究会事務局長
～九州電通労働会館支配人等勤務しフリーに
2001年４月　放送大学入学、2007年３月放送大学卒業
現在：電電同友会熊本支部 幹事、ＮＴＴ－ＯＢフォトクラブ「写友会」顧問、
阿蘇学会会員、「熊放会」「如月会」会員、「井芹塾」塾生

熊本橋紀行

令和３（2021）年６月22日　第１刷発行

発　　行　熊本日日新聞社
共 著 者　﨑元達郎・福島通安
制作・発売　熊日出版（熊日サービス開発株式会社出版部）
〒860-0823 熊本市中央区世安町172
TEL 096-361-3274　FAX 096-361-3249
https://www.kumanichi-sv.co.jp/books/

装　丁　臺信美佐子
印　刷　ホープ印刷株式会社

ISBN978-4-87755-619-8　C0051